100 STRATEGIES OF
URBAN DESIGN

城市设计的
100个策略

[西班牙] 奥罗拉·费尔南德斯·佩尔　　[西班牙] 哈维尔·莫萨斯　编

赵亮　译

江苏凤凰科学技术出版社

图书在版编目（CIP）数据

城市设计的100个策略 / (西) 奥罗拉·费尔南德斯
·佩尔, (西) 哈维尔·莫萨斯编；赵亮译. -- 南京：
江苏凤凰科学技术出版社, 2018.1
  ISBN 978-7-5537-8650-6

  Ⅰ.①城… Ⅱ.①奥… ②哈… ③赵… Ⅲ.①城市空
间—建筑设计 Ⅳ.①TU984.1

  中国版本图书馆CIP数据核字(2017)第267951号

城市设计的100个策略

编　　　者	［西班牙］奥罗拉·费尔南德斯·佩尔　［西班牙］哈维尔·莫萨斯
译　　　者	赵　亮
项 目 策 划	凤凰空间 / 曹　蕾
责 任 编 辑	刘屹立　赵　研
特 约 编 辑	石　磊

出 版 发 行	江苏凤凰科学技术出版社
出版社地址	南京市湖南路1号A楼，邮编：210009
出版社网址	http://www.pspress.cn
总 经 销	天津凤凰空间文化传媒有限公司
总经销网址	http://www.ifengspace.cn
印　　　刷	北京科信印刷有限公司

开　　　本	710 mm×1000 mm　1 / 8
印　　　张	41
字　　　数	200 000
版　　　次	2018年1月第1版
印　　　次	2018年1月第1次印刷

标 准 书 号	ISBN 978-7-5537-8650-6
定　　　价	328.00元（精）

战略与战术

　　尽管看上去有点自卖自夸，但我们坚信本书收录的均是具有极高战略意义的优秀城市设计项目。对于公共空间而言，战略和战术具有同等的价值。

　　在米歇尔·德赛杜*眼中，战术通常针对敌方，而战略通常则针对己方。这就可以很自然地引申出角色分配问题：战略被当权者支配，战术被市民拥有；战略掌管空间，战术支配时间；战略用来去控制，战术用来防护。

　　这样，我们就可以确定一个问题，公共空间中的各个角色各自都有鲜明特色，它们被分门别类，似乎永远都处于相互对峙的状态。然而，这并不是我们的目标所在，我们坚信战略和战术恰恰是行动工具，供所有有需要的人们使用，而非简单的类别。

　　尽管高低有别的论调在社会上风行，尽管将抗议转变成对抗的粗俗行为依然存在，尽管机构与街道之间误解丛生，但是只要我们密切观察的话，就能发现不管是"高层"还是"低层"，都能很好参与到公共空间中来那些所谓的当权者，或者称之为"系统"，以及市民、专家等其实都是依据时势在不断变化的，都是"系统"的一部分，也是街道的一部分。

　　同样，行动的职责也混杂在了一起，进一步揭示这一原则，即战术操控在市民手中，而战略属于当权者。诸多例子均能印证这一点，"系统"本身通过专业手段蕴育了战术行动，在其中，很不幸的是，市民参与度被遗漏了。至于战术城市主义，其大胆应用战略以实现自身永续发展，不仅在物理空间如此，也体现在虚拟时空中，就像病毒一样扩散。

　　我们的目标不是将公共空间的各个角色真正实现分门别类，我们致力于通过提供一种分析工具，方便人们理解我们所感知的空间是如何被打造出来的。易于识别的战略和战术是手段之一，我们希望这不会成为某种简单的分类方法。

　　*米歇尔·德赛杜，《日常生活实践》，加利福尼亚大学出版社，1988年。

奥罗拉·费尔南德斯·佩尔

目录

章节	内容	项目	页码
概论	公共空间就像一个战场		6—21
	公共空间战略		24—58
第一章 战略	战略项目	腓特烈西亚C临时公园	60—65
		里斯本自行车道	66—71
		Theresienhöhe铁路遮蔽空间	72—77
		萨拉格萨电车轨道	78—95
		开放式的公共活动中心	86—95
		马德里Rio	96—125
		赫拉克勒斯商场	126—131
		剧院广场	132—139
		伊利街广场	140—145
		布鲁克林大桥公园	146—153
		Race街码头	154—157
		高线公园	158—173
		Lentspace	174—179
		宫下公园的翻新改建	180—191
		Superkilen	192—199
		Nordbanhof公园	200—205
		Gleisdreieck公园	206—211

章节	内容	项目	页码
第一章 战略	战略项目	德绍景观走廊	212—231
		克里夫顿山铁路	232—237
		狮园	238—247
	从未存在过的城市 探讨处于过渡时期的都市景观的设计战略		248—267
第二章 战术	**八种战术活动**		270—277
	战术项目	1A 停车场，1B 市政厅胜利花园	278—283
		临时性花园	284—289
		临时性娱乐公园	290—295
		4A QUAI DE QUEYRIES，4B 临时性海滩，4C 墙壁公园，4D LE BRASERO	296—305
		姆马巴托体育场	306—311
		6A 法国之旅，6B 改变之地	312—315
		EL CAMPO DE CEBADA	316—321
		埃尔多拉多街区改造	322—325
工作人员名单			326—328

概论

公共空间就像一个战场

哈维尔·莫萨斯

对于汉娜·阿伦特（1906—1975）而言，公共空间即是行动空间①。阿伦特认为，民主应该践行到公共空间领域，只在家庭的私密空间中实施是徒劳无功的。

行动有两种截然不同的性质：一是平静的，二是暴力的。一个使用语言手段，一个使用战争手段，也就是文字与战争的区别。作为一项抵抗运动，"愤慨运动"的核心行动即是永不结束的对话。近年来，在欧洲城市中的一些市民运动，诸如露营、集会、游行示威、静坐等，使得人们找到了发出自己声音的方式，进而使他们在民主国家的公共空间中找到了自己的位置。这些方法都是基于"语言"的。占领街道和广场的运动，其灵感源自"15M运动"，且充分意识到抗议活动的社会暴露性带来的一些影响。这是一种和平的斗争方式，从公共空间的角度看，这些斗争展示了对金融市场绝对权力更广泛的政治控制力度。然而，北非的局势已经从简单的抗议活动转变成为直接行动，甚至爆发了战争，以作为在言语失效时达成目标的另一种方式。（图1）

言语和战争在公共空间中均有一席之地，物理局限性的缺乏也会招致抗议。在公共空间中，任何事情都可能发生，因为从本质上看，公共空间是视情况而变化的。在公共空间中自由开展的一些行动的结果是无限的、无法控制的以及不可逆的，也是无法预见的。然后，开展抗议活动的公共空间不是随便什么空间都可以，它必须有代表性。它必须要有响亮的名字，比如太阳之门、交易所广场、华尔街、国会广场、解放广场、自由广场公园……最近于曼哈顿举行的抗议活动即发生在自由广场，然而这处公共空间并不为公众所有。其为私人所有，可举办一些公共活动，现在其被称作"祖科蒂公园"，是为纪念该地块所属公司的总裁，其之前掌管纽约市的规划委员会。（图2）

卡尔·冯·克劳塞维兹（1780—1831），普鲁士军人和军事理论家，在其作品《战争论》②中，阐释了现代战略的哲学概念。克劳塞维兹的思想非常开明，他从未就决策理论出版过任何可给出清晰对策的图书。他具有不落窠臼的心态，倾向于选择不

---

①汉娜·阿伦特，《人类的境况》，芝加哥大学出版社，1998年。
②卡尔·冯·克劳塞维兹，《战争论》，由Charles Keller和David Widger出版，古腾堡电子书，http://www.gutenberg.org/files/1946/1946-h/1946-h.htm 。

图1
从网络下载的这张照片展示了人们占领开罗市中心解放广场的场景。2010年2月，
网址：http://www.bbc.co.uk/news/world-12434787

图2
"占领华尔街运动"组织者海报
2011年9月

确定的道路。他信奉的格言是：尽管过程相对简单，然而战略应始终致力于解决相对利益方之间的冲突，换句话说，最后的结局始终是开放性的。克劳塞维兹最经常被引用，也最高深莫测的一句话是："战略的各个方面都非常简单，但这并不能使所有事情变得简单③。"

战略是按照提前拟定的计划来设定的一系列的行动，这些行动对于达成一定目标是非常必要的。这些目标将在不同的时间段内实现，基于此，战略需要有非常高超的前瞻性思维能力④。为了解决冲突。有必要在战火硝烟中战胜人的无穷惰性。战略必须与阴云密布的战场抗争，必须挫败那些源头不明的抵抗力。

在硝烟弥漫的战场上做出决策是非常困难的事情，这主要是因为能够得到的信息均模棱两可、不确定以及不可信赖。战场与做决策之间的冲突使克劳塞维兹倍感困惑，最终带来了他有关战争迷雾的对比理论。克劳塞维兹的"摩擦"一说即指战争严酷现实引发的对抗性和复杂性。这样的战场阻碍了战争机器按照所预计进行运作，也就是说，战争结局很难跟预想的一样。迷雾和摩擦是相同事物的两个侧面，进一步强调了战略的不确定性。

在《克劳塞维兹论战略》一书的序言中，作者写下了下面这样一段话："战略的不确定性并不仅仅是指预测外部事件时的无能为力，而更为重要的，其是指不确定事件的后果，这源于足智多谋、睿智无比的对立方。因为他有关摩擦和迷雾的比喻非常清晰地展示了不确定性是不可避免的，已经成为远远超越军事理论范畴的中心理念。战略家绝对不可因不确定性而心生沮丧，而是应该张开怀抱拥抱它，将它看作其理论的源泉⑤。"

③卡尔·冯·克劳塞维兹，《战争论》，卷三，第一章。
④奥罗拉·费尔南德斯·佩尔，《战略空间》，第4页。
⑤《克劳塞维兹论战略》，"战略大师的灵感与洞察"，由Tiha von Ghyczy, Bolko von Oetinger和Christopher Bassford编辑并添加评论，由波士顿咨询集团战略研究所出版，John Wiley&Sons，2001年。

图3
德国博尔纳Brikett工厂以及发电站重建设计模型竞标项目，
Florian Beigel和Philip Christou设计，1996年10月

萎缩的欧洲

对于Briquette工厂⑥开展的这项建筑研究实验性项目，Florian Beigel和Philip Christou
致力于帮助博尔纳小城从重重迷雾中挣脱出来，并使其欣然接受一些新的改变。该项目
所处地点靠近莱比锡城，是原东德的一部分。建筑设计主要战略包括对景观环境进行重
新打造，将原来的采矿区和废弃的工厂建筑重新利用起来。该项目的设计主题是雷姆·
库哈斯曾谈过的"具体不确定性⑦"："具体性"是基于项目地点；"不确定性"是因为
行动计划并没有按照预先设定的条条框框进行。对于设计者而言，各项问题能够解决到
什么程度是不确定的。他们更喜欢"无为而治"的观点。而他们的对策是基于周边场景
传递的一些信息。（图3）

对于原来的东德来说，博尔纳属于"正在萎缩的城市"中的一员，这是非常令人忧心的
一个问题。德国统一之后，诸如莱比锡、德绍一类的城市，面临着一个非常严酷的现实：由
原来的德意志民主共和国（即东德）所支撑的系统如此的低效率。人口和资金的自由流动意
味着很多优秀的专业人士会逃离这些城市，到其他的地方寻求更好的报酬和更好的未来。

随着人口的急剧减少，出现了一个不同寻常的现象，即住宅过剩。然而，这些住宅
中有很多是建于20世纪六七十年代，意味着它们只有40多年的历史。因为这些破败不
堪的地方可接受的援助少之又少，所以人们计划拆除原来共产主义时代的整个街区，在
富余的空地上通过最少的建筑结构和最低的维护费用打造出全新的绿色空间。其结果就
是，真正的生产资源都集中于城市中心，并在城市密度和经济流向方面发挥重大影响。
事情的状况已经发生转变，从建造代表性空间是为了展示社会主义国家的优越性，变成
了建于那个时代的住宅街区都要全部拆除。这就引出了这样一个战略，针对正在萎缩的
城市中的贫困和破败现状进行一番装饰，这些城市与曾经存在于此的权势再无瓜葛，一
切都将交由命运安排。这也会帮助人们预测繁华的欧洲未来会是什么样子，因为在目前

⑥Briquette工厂，位于德国博尔纳，该改造项目于1996年由伦敦城市大学的Florian Beigel和Philip Christou担当设计，为
获奖项目，未建成。

⑦雷姆·库哈斯，*SMLXL*，莫纳切利出版社，1995年，第921页。

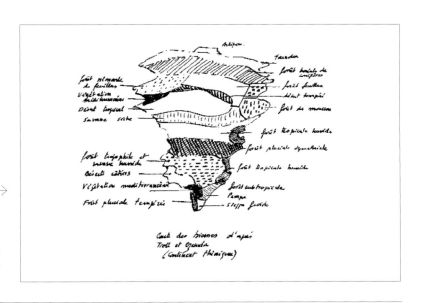

图4

吉尔·克莱芒的"第三景观"

第三景观所面临的挑战与生物多样性所面临的一样艰巨，因为第三景观中存储着这个星球的所有原始配置，代表着生物世界的未来。

的形式下，维持福利国家的现状也已经变得越来越困难。

现如今，整个欧洲成为一片正在萎缩的大陆，需要基于收缩量、尊重、协商一致等原则采取一些保护环境的举措，因为这片大陆已经不能再承受更多的东西了。当泡沫破裂的时候，形式主义戛然而止，现在是时候将散落的碎片重新收集起来，通过打造"第三景观"转变人们的意识形态，通过更多的协商，减少强加给环境的东西。

吉尔·克莱芒的"第三景观"

新景观建筑设计就像是德国博尔纳的Briquette工厂改造或者德国德绍的景观带设计一样，对于设计过程而言，维护花费是非常重要的考量因素，荒地是被忽视的自然界中的宝藏。该项战略在"第三景观⑧"中有涉及，促使人们以可控的方式处理好自然界中的荒地，形成不受传统景观设计约束的自然空间。（图4）

该项理念亦指埃马纽埃尔·约瑟夫·西耶斯（1748—1836）所说的"第三等级"，在法国大革命时期，这一等级与牧师、贵族同是社会的一部分。"第三等级"囊括的是普通市民，即农民阶级、资本家和普通大众。在西耶斯眼中，这种社会阶层能够创造财富，他们可以是一切，虽然在当时一文不值，但在突然间就成为了一股强大势力。谈到景观，这就是荒地与公园、花园、绿地之间的对比，后面三者是景观中的贵族。在吉尔·克莱芒眼中，"第三景观"的创造者和推动力量既非林地，也不是草地，而是那些未曾被占有过的空间，也就是他所说的"没有特点的多样性"。这些空间是展示多样性的理想空间，不需要费尽心思赋予它什么特点，这种多样性不仅是指生物学意义上的多样性，也指文化多样性，这种多样性能帮助人们将理想变为现实……尽管这种多样性是其他景观环境所不齿的。

⑧ "第三景观"这一概念源于吉尔·克莱芒于2003年在法国做的一个景观分析。有关"第三景观"的说明还可从这一地址下载：http://www.gillesclement.com/fichiers/_tierspaypublications_92045_manifeste_du_tiers_paysage.pdf。该作品可免费使用，并可在遵守"自由艺术许可证"的前提下分发或修改：http://artlibre.org/licence/lal/en，英语版网址：http://nonsitecollective.org/system/files/ClementManifestoExcerpt.pdf。

"第三景观"是那些不被注意的土地，会兀自出现在建筑旁、道路边、农田间的田垠上，被风或者动物带来的种子在这里生根发芽，这样的多样性在不受打扰的环境中滋生。很重要的一点是，人不需要做什么。

在那些自然环境仍然存在的地方，只有当自然可以将自己的需求公之于众的时候，行动才有意义。对于吉尔·克莱芒而言，存在的问题就是，在那些城市忽略的地方，如何才能保持自然的本性呢？

在欧洲相同的时代，即社会福利不断增长、对弱势群体的保护程度不断提升的时代，景观也关注着那些没有特点的地方、未被设计过的地块、被遗忘的角落以及未曾被重型机械涉足过的地方。在这些被人类遗忘的地方，自然反倒实现了自由的滋长。

基于克莱芒的理论，要在景观建筑设计上采用对环境友好的方式，既要遵循自然规律，又要实现稳定而又均衡的体系。他的原则具有极高的标准性：提升水、土壤和空气质量；为达到所需目的要尽量减少野蛮的工作方式和机械干预；自然生长的非本土植被种类不被选用；将时间花在观察上，而非行动上；使自然自如地自我表达，以自然而又随意的方式控制设计过程。为了真正实现这些战略想法，要摒弃约束性因素，采用新的方式来重新面对直到现在还被遗忘的那些空间。这些战略的实施对于现代公共空间也具有一定的影响。

赛托眼中的"战略与战术"

米歇尔·德·赛托（1952—1986）认为，行动是工作中的"力量"，而"力量"通过战略传达到公共空间中。赛托是这样定义战略的，战略是"力的关系的演变"，只有当意志、力量（业主、公司、城市、科研机构等）与环境剥离开来的时候⑨，这种力才能真

---

⑨米歇尔·德·赛托，《日常生活实践》，加利福尼亚大学出版社，1988年。

正使战争模型拥有科学性，而政治、经济、科学理性主义就建于这种战略模型的基础之上。

与前文形成对比的是，在赛托眼中，战略涉及与空间自身无关的一些计算，而战术的设置背景属于另外一方，即对手。战术缺乏这样一个基础，即充分利用优势条件、实现拓展并确保在周边环境中的独立性。战术是瞬间的推动力，既缺乏保持一定距离、采取撤退姿态的手段，也不能主动反击。在敌方看来，战术是在一定范围内采取的一些策略。战术通过极其精细的行动方案逐步展开，而且战术会利用一些机遇，并依赖这些机遇，然而并不是所有的东西都能得到，因为能力是有限的。

这一弱点使得战术具有极大的不稳定性，然而这种变动性也使得战术迎接每时每刻所涌现的一些挑战，并尽可能抓住每个机会。就像凿石匠不需机械也能工作一样，战术需要利用力量基础上呈现的一些裂缝。战术是不经意产生的，是基于时机的，其变动受到机遇的掌控。战术可能会在最不可能的地方出现，是一种蕴含着无穷智慧的招术。

另一方面，战略受抵抗力量的制约，同样的，战术是根据力量薄弱点来制定的。在赛托看来，战略与战术的区别在于各自的制定根据和空间作用都不相同。战略可以通过强有力的方式，强硬地赋予空间以外在形态，而战术只能困于更为微妙的空间操作之中。

公共空间和应用

公共空间是传达城市活动的使者，让人们知道这个世界上事态发展的动向。如果说在之前，公共空间的设计全部是为了达成社会控制方面的一些目标，将大型空间用于约束或者代表方面的应用，那么到了现在，着重点很明显并不在于空间本身，而是在于如何在这个空间中开展一些行动，在于那些负责掌控和行动的人所采用的战略和战术。

图5
自上而下操作的适当方式
布洛涅-比扬古的镇长Pierre-Christophe Baguet想让塞甘岛自2010年起
对公众开放，这在历史上来说是第一次，这座岛已经被改造成了一座
大花园。

力量掌管着涉及公共空间的控制战略，基层运动所采取的一些行动会削弱力量，进而影响到整个空间，这也就是程序过程如此重要的原因。如果这个过程是自上而下式的，设计师会采取一系列象征性、程序式的设计战略以使所采取的行动能够在已有力量的掌控之中。（图5）

如果过程相反，是自下而上的，通常来讲，设计师就要采取一些战术式、暂时性、参与式的原创行动，以在空间中添加一些"公共"的成分，而且该空间可能已经被整座城市忽视太久了。很重要的一点是要知道创造力的源头、财力支持以及每项提议的赞助者，这样我们才能发现最根本的态势所在以及如何抵抗力量。有关干涉公共空间的方法，其最重要的变化在于其影响了使城市变化的推动力。重要的决策不再来自于高高在上的力量，而是来自基层发生的一些运动。占优势的变化态势是向上的，是自下而上的。（图6）

回到赛托的观点，他认为力量与其自身的可见性是联系在一起的。力量自身所拥有的能量越弱小，那么就越有可能其在可见性方面存在一些欺诈性。如果战略家的力量越弱小，那么战略就越有可能会转变成战术。这样，我们就能观察到一种较为混杂的情况，力量会将战术吸收并利用起来，使其担当主角，进而将反抗转变成行动，而这些行动在实际上是由管理者资助和创建的。同样的，占据舞台的新角色们将会竭尽所能，用其最高效的手段（即战术）削减力量的影响力。然而，所有这些混杂情况只不过是正在进行中的试图控制公共空间战争的模糊图像罢了。（图7）

战术城市主义

战略行动致力于控制物理空间。这是先于通过干预手段强加的危机力量，这种战略行动已经变得越来越稀缺了。现在，设计、建筑和城市主义都不可避免地回到发明和战术行动上来，不仅在专业领域，在政治领域也是如此。作为转借自军事领域的术语，"战术

城市主义⑩"将社会抵抗运动的战术转移到城市主义的范畴中。这些抵抗运动源自1968年的社会运动，基于米歇尔·福柯（1926—1984）的理论。

战术城市主义也包含Jugaad城市主义中的创新性机会主义，充斥着一种针对"不确定性"的怀旧之风，20世纪70年代的城市主义即因此而著称。这种机会主义就是公共空间以特定的短期行动来谋求长期行动的官方头衔。战术城市主义与即时性联系在一起，即便其目标是针对空间采取的一系列干预行动，但其最终动机是为了将某一个别事件转变成永久性的，并使其成为日常生的一部分⑪。

《战术城市主义》是一本共有25页的小册子，可供人上网下载，由街道设计协会和"下一代"委员会共同编订。其基于四项常见特点讲述了小规模项目的长远目标，这四项常见特点即战略与战术之间清晰的辩证法、摆脱现有游戏规则的目标、战争永无止境的现实和告别传统机械的需求，进而产生了针对公共空间的几项运动，并提出了几处在公共空间处理中需要注意的地方：一项精心策划的、分阶段开展的行动促进改变的发生；使用本土的一些解决方案来应对规划方面的挑战；短期承诺和现实期望；低风险和可能的高回报；市民之间的社会资本增长以及公私机构、非盈利性机构及其组成部分对建筑的组织、能力⑫。

通常来讲，在战争爆发时，公共空间就会被用做战场。城市设计通过社会抵抗运动

---

⑩Design Observer/Places网站上发表了《有关干涉主义》的三个部分，是一种想要在设计、建筑、都市主义等领域找到新的反馈的尝试。在第一部分中，Mimi Zeiger指出："我们现在所面临的衰退局面激发了自身的战略和战术行为。针对这种趋势，有很多种称呼：游击战术、DIY实践以及都市主义中的临时性、机会主义、无处不在的特性以及怪异战术等。我希望能把握住传统状况的真空区迸发出来的战术多样性和创造性思维。"
http://places.designobserver.com/feature/the-interventionists-toolkit-part-1/24308/。
⑪与之相似的，"你能够为城市做些什么"是一项展示了99种战术城市行动的展览，于2009年春天在加拿大建筑中心举办，其激发了现代城市中与普通活动相关的一些积极改变，诸如散步、游玩、循环和园艺等。该展览记录并展示了一群积极分子的特别项目，他们的参与带来了城市的巨大变化。这些活动既有集会抗议，也有艺术创造。城市变化的动力源于建筑师、工程师、大学教授、孩子、牧师、艺术家、滑板运动员、骑车者、行人、市政雇员等。他们都想通过出人意料的、趣味性强的活动来提升都市体验。http://cca-actions.org/。
⑫《战术城市主义》，"短期行动和长期行动"，第1卷，街道设计协会，"下一代"委员会
网址：http://es.scribd.com/doc/51354266/Tactical-Urbanism-Volume-1。
第一次战术城市主义沙龙于2011年10月15日在纽约皇后区长岛市一个名为"Flux factory"的艺术家团体的总部举行。

图7
混杂状况
哈马尔市政厅将其广场移交给一个创新性群体。这一群体在广场上开
展了一系列涉及城市生态系统的设计试验。

Jugaad

对于Jugaad这一术语来说，目前尚无确切的定义。然而，它确有这样一层含义，即通过有限的资源来达成目标。基于这一理念，Jugaad城市主义涵盖了城市中的所有行为，促使人们基于现有条件，将城市利用起来，或者投入重新利用中，而又不对城市带来什么损害。在印度，"慢性短缺"意味着零浪费或者全部恢复原状。

一场有关Jugaad"城市主义：为印度城市而打造的机智战略®"的展览曾在纽约建筑中心展出。Jugaad城市主义促使设计师们可以最大限度地发挥他们的想象力。

他们的设计灵感源于技巧，源于丰富的基本战术，源于对资源的谨慎使用。Jugaad城市主义将传统设计中的"裂缝处"利用起来，并在其上开展富有创新性的设计。Jugaad城市主义所主张的就是实际意义上市民的力量，这种力量通过创新性战略带动整座城市的成长。Jugaad致力于挑战传统空间层级以及设计的基本原则。实用主义派上了用场，且在一定时候要采取一些涉及生存境遇的举措。

可以说Jugaad采用了"胶带修复模式"，涉及其三项积极的特征：由于缺乏精密机械而进行的创新、易于学习和非特别技艺。这一简单体系的基本部分体现在其睿智性方面。然而，Jugaad是否意味着印度的消亡呢？因为一些很关键的声音指责Jugaad只不过是基于有限资源基础上的卑劣的短期战略行为。这似乎是在暗示说，如果印度继续沿这条路走下去，将是一条不归路。然而，有一点不容置疑，那就是Jugaad可被用做一些过渡性手段，作为通向更高目标的垫脚石。

⑬ "Jugaad城市主义：为印度城市而打造的机智战略"展览由以下机构合作举办：美国建筑师协会纽约分会、建筑基金会中心、新学院中印学会、印美艺术委员会以及印美工程师与建筑师学会。该项展览以及相关活动于2011年2月10日至21日在纽约建筑中心开展。网址：http://cfa.aiany.org/files/Jugaad_PR_FINAL_FebUpdate2.pdf。

当近千只储油罐想要飞上天的时候会发生什么呢？由Sanjeev Shankar设计的这个"遮阳伞"位于新德里郊区的小镇拉乔克里，该项目将945只储油罐重新利用起来，打造了一处70 m²的阴凉区，供当地居民在一年中最热的月份来这里消暑纳凉。该项目设计于2008年。

图8

图为火箭N55，是一种战术行动的空间技术

这一体系可以确保任何人都能将自己的反抗活动让公众知晓。只需将一枚含小容器的火箭发射至空中，这样就可以散播任何想让人们知晓的信息。

学会了在创建地点和力量时如何有效地采取行动。对于一些作者来讲，反抗是保护市民涉及公共空间方面的权利和在社会正义取得进步的唯一途径。对公共空间应用权利的充分认知可以通过对空间开展的行动和蓄意占有来实现。

作为一种军事战术，游击战术通常是指在熟悉的地方采取一些出乎敌人意料的行动，以达到削弱正规军队军力的目的。这种抵抗和抗议方式也被多种社会团体应用，成为一种可改变城市的新理论。通过使用"游击城市主义"，即战术城市主义的衍生物，城市设计已经成为政治斗争和市民抗议活动的舞台。

《反叛的公共空间：游击城市主义和当代城市的重建》[14]将这项运动理论化，从另一个视角来观察城市建设，与当权者和各个机构形成鲜明对照，因为他们直到现在还在应用一些所谓的准则。这一理论对规范土地所有权和应用的一些严苛法规带来了严峻挑战。新的游击城市主义者将会主动出击，推动一些根本性的变化，而这将会极大地震动那些当权的社会力量。（图8）

军事战术已经潜移默化地影响到了城市规划领域，诸如袭击计划、伏击、防弹谈判、作战最前线等都已进入城市规划设计这一看似平静的过程之中，与建筑师的专业工作不谋而合。这些以及其他类似流行词在每年由RIBA主办的游击战术大会[15]上被反复提及，其主要目的是提升小型建筑实践的竞争力和市场渗透率。

应用于公共空间的当代战术

将公共空间这一开放式、多功能、多使用者的建筑结构束缚起来是极其困难的事情。尽管在某些情况下，公共空间会与抗议市民的周期性游行示威紧密相关。公共空间正是因为缺乏这种束缚性而知名。这样宽松式的空间[16]对公共空间进行了一番定义，并将

[14]《反叛的公共空间：游击城市主义和当代城市的重建》，Jeffrey Hou编辑，劳特利奇出版社，2010年。

[15]2011年游击战术大会于11月9~11日在伦敦波特兰广场街66号召开，其主题为"RIBA解放你的专属潜力"。http://www.architecture.com/WhatsOn/Conferences/RIBAConferences2011/GuerrillaTactics/GuerrillaTactics2011.aspx。

[16]《宽松式空间》，"城市生活的可能性与多样性"，Karen A. Franck and Quentin Stevens编辑，劳特利奇出版社，2007年。

图9
超级树
位于海湾花园，新加坡，Grant Associates and Gustafson Porter建筑事务所设计，2011—2012年。
这些树木使用环保技术进行打造，以重现真实树木的环保功能。

其与其他类型的活动区区别开来，比如那些致力于休闲、消费目的的主题公园：基于其高级别的私人安全防护，一般在这样的空间中不会发生什么意外事件。

应作为公共空间主要特色的活动自由性也因为过度设计而遭受到了很大限制，这是很多欧洲城市都遭遇到的问题。对细节的过度关注以及城市设施的专业化使西方国家城市的街道、广场、大街小巷充斥着各式各样的物品，极大束缚了空间的松散本性，并给空间强加了一些定义。在今天的世界里，过度设计只出现在新兴国家。在古老的欧洲，城市模式发生了改变，就像经济架构改变了一样。过度设计出现得越来越少，仅仅是因为资金不足。（图9）

公共空间反映了社会的一些期望和渴望。这些渴望赋予公共空间以内容，进而带来能够满足人类需求的空间构造。设计师只是提供想法，会有专人将集体想法付诸实施，而设计师常常会忽视了社会的需求。基于投资的萎缩，用做工作场所的生产性建筑逐步消失，唯一留给建筑师和城市规划师发挥的空间就是街道了。在很多情况下，建筑师都变得不那么必要了，因为社会空间中的活动者已经吸取了一定的教训，当工作任务涉及技术复杂性或者权力构建了诸多不可避免的障碍时，他们都可以借助于建筑师打造的一些设施。在当今的城市空间中，是公共空间聚集了大量的创造性的设计能量。

公共空间是活动发生的第一场所，对于倾听所有声音具有至关重要的作用。通常来讲，直接行动相较于永无休止的市民集会或者抗议游行更为有效。在公共环境中，权力和经济两者具有得天独厚的优势地位，针对此，其他的基层反对势力或者激进运动则朝着相反的方向努力，以求撼动城市规划中的固有结构。

能够对公共空间作出决策的客户也是相当善变的。主管机构会因为公共赤字而面临巨大的工作压力，进而其会将很多权力向两个对象释放，即私有企业和市民。参与定义公共空间的公众拥有了越来越多的决策制定权，可以制定一些涉及城市的决策。

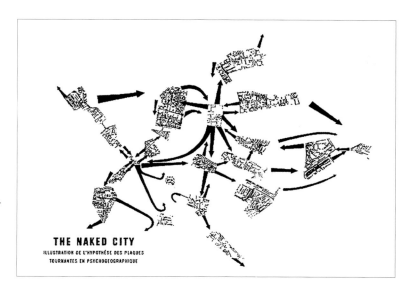

图10
裸之城
由居伊·德波设计,基于旅游地图设计的巴黎城市地图,情境漂移理论由此而来,1957年。

建筑师不再是专为公共机构而工作,而是转向了社会大众,尽管这些建筑师可能并没有意识到这一点。然而,他们也坦承,当与后者共事时,他们感觉更加轻松,因为他们也将自己视作是社会大众的一分子。

社会网络空间已经成为了基层运动声音的扩音器。现有的媒体为其所看到的景象而震惊,急切想要与自发的集会运动保持步调一致。现在,对公共空间的占用已经成为即时性的行为。随着时间尺度的变短,战术的时间因素也已经发生改变。发展、组织、开展行动可以同时进行,而整个过程也可以实时追踪。这也就意味着想要控制、预测结果变得越来越难了。

针对战略这一议题,我们使用13种标题为"战术城市主义"的行动来涵盖8个团队的工作。所有这些行动均是追随"盗用理论"的步伐而来,这在很大程度上得益于"情境主义国际"的理念。(图10)

所有这些设施的共同特征在于以下几个方面:批判现代社会风行的消费主义;鼓动个体参与集体活动;改造城市的自发行动;未认识到知识产权的价值;对奉行自由主义和快乐至上主义项目的趋向;抗击疏远性工作;将日常活动、休闲和娱乐融入工作之中,从而使得每个人都可以根据自己的意愿和倾向以不同的方式来构建个人生活。

每项设施均采用不同的战术,并且设计师都以脱离周边环境的方式来利用公共空间,使其丧失原有空间关系,然后使用新的坐标关系进行构建,这与先前有效的传统设计原则相去甚远。它们都看似是集体项目,却又相当具有个性。在特色上,尽管它们均是"小型乌托邦㉗",其致力在小范围内改变世界、影响社会行为并提高人们的生活水平,但是它们是与理想主义、浪漫主义或者现代实证主义设施有很大区别的。基于其创新特色、DIY设施以及技术融合水平,这些均是jugaad类别的项目。它们利用了不确定因素,并与偶然性的状况相处融洽。

㉗诸如小型乌托邦、重新组合、合法性及暂时性一类的理念是均出自于书籍*Camiones*、*Contenedores*、*Colectivo*的术语。这些理念被大多数的团队所使用,其均秉持这种直接性的行动举措。登录 www.plataformabooka.net可获得更多有关这些术语的信息。

图11
Cox&Forkum设计的卡通画
展示了阿尔·戈尔作为"全球变暖第一教堂"的电视宣传形象。选自"评论漫画",2006年。

　　通过应用荒诞的、破坏规则的、未曾耳闻的举措,设计师致力于融入艺术界,并获得更大范围的艺术报道,诸如剪切、复制、黏贴一类的混合手法经常会用到。慷慨大方和利他性的工作成为其道德规范的内在准则。知识共享许可、开放式资源和创意共享成为自由式的起始条件。一种常见的做法是在不同但紧密关联的项目之间开展合作[18]与协作。不同行业之间的转换非常常见:媒体、图像设计、工业设计、建筑设计与规划等,它们和文化互动、社会管理、基层行动相互融合,就使得技术、艺术与社会科学结合在了一起。其最终能实现合理化的主要原因是最初的行动通常没有明确的业主,或者没有机构进行管理,或者没有被禁止实施。有些时候,无论业主知不知情,只要私人拥有的空间被占用,就会被看做是公共空间。"暂时性"是所有这些空间设计活动的内在特征。

　　需要批判的是,休闲和游戏活动(通常是零星式跨学科合作的结果)固执地融入公共空间之中是一种危险,从总体上来说,这可能会导致整个空间的"婴儿化"进程(即幼稚的空间设计),进而降低基于政治斗争的或者其他更为严肃的抗议活动成功的可能性。

　　同样地,恢复、循环利用的价值可能会使人们倍感困扰。循环利用的过程是非常昂贵的。它会涉及一些回收系统和过程,长时间维护常常是非常困难的。(图11)

　　在这样一个资源紧缺的时代,最为对环境友好的举措并非是进行恢复、循环利用,而是尽量不涉及建筑行为,尽管这可能会导致某种停滞状态。改进的方式并不是不惜任何代价地进行循环利用,而是通过设定一定的标准,并充分考虑整个进程所有的花费和潜在因素。我们该如何循环利用那些已经被重新利用过的材料,并且恰到好处地利用废弃材料进行新的生产?循环过程是持续性的,并且看似是永无休止的。

---

⑱PEPRAV,即Plate-forme Européenne de Pratiques et Recherches Alternatives de la Ville,是一项由欧盟资助的合作项目。其合作伙伴为巴黎的Atelier d'architectureAutogérée、谢菲尔德大学建筑学院、布鲁塞尔的Recyclar以及柏林的metro-Zones。其拥有根茎式的结构构成,提供集体创作解决方案,并创建超越本地局限的网络结构。 http://www.peprav.net/tool/ 。

美与尊严

战术实践并没有构建起一个一致性的理论，以作为公共空间新模式的基础。城市战术与对气候灾难的恐惧的结合可能会导致一些反复无常的状况。这只有生态学家和战术专家才能理解，这会降低公共空间设计的可持续性、可行性、效率和耐久性等诸多方面。

在这样的一个时期，人们做出的努力只为重建与自然之间的关联，同时不能放松对新兴技术的关注。在设计公共空间时，道德标准和责任性必须是基本规范，同时不能妨碍技术的创新性和社会的重建。为了营造出尊严，需要建立起一定的规则。而当我们在这个越来越像沙漠的地方穿行时，该如何确定我们的指导原则呢？生态学家和环境伦理的捍卫者阿尔多·李奥帕德（1887—1948）曾经说过："当一件事物可以保持生物群落的完整性、稳定性和美时，它便是正确的。反之，则是错误的[19]。"生物，他所指的是所有展示生物特色的事物。这一简单的推理展示了环境道德不能仅仅是针对完整性和稳定性，还有美。美是构建尊严的首要要求。

除了对环境和慷慨原则的尊重之外，完整性、稳定性和美也是开展叛乱战术设计的首要要求，而这三个条件的数值正在越来越小。对于任何公共空间设施的建造来说，要获得道德尊严，李奥帕德的三个条件都具有至关重要的作用。

就像经济可以分解政治一样，管理也可以吞噬创新性，批评就会消失在海浪般的陈腐信息之中。这也就意味着最为浅显的环保主义论调可以消融建筑和设计，就像它们是方糖一样。这样，就需要极高的警觉性和更大的尊严。尊严是大多数富有侵略性的市场不太关注的因素。如果我们对随意摆布可持续性保持警觉，并打造出庄严的公共空间，市民对于公共空间的立场就可以发生根本转变，其对个性的渴望得以满足，而其对自我实现的期望也可以成为现实。

---

[19] 阿尔多·李奥帕德，*A Sand County Almanac and Sketches Here and There*，牛津大学出版社，纽约，1949年，第262页。李奥帕德主要看重功利主义、自由主义、平等主义、环保、道德等诸多因素，所有这些均是基于地域而定。

第一章

战略

分类	
规划	
理念	
背景	
栖息地	
交通线路	
使用者	
表面	
结构和设施	
分类	
照明设施	

目标	公共空间战略
激活城市中心区	1 2 3
重建滨水区	4 5 6 7
为郊区注入活力	8 9 10
占用空间	11 12 13 14 15 16 17 18 19
激活间隙空间	20 21 22 23
优化空间	24
将走廊用作设施	25 26 27 28 29
生成矩阵	30 31 32
将过去转变成为设计发生器	33 34 35 36 37 38
融入偶然性	39 40
随意性	41 42 43 44 45 46
重建一个主题	47 48 49 50 51 52 53 54 55 56
整合现有元素	57 58 59 60 61 62 63 64 65 66 67 68
重新解读原有空间环境	69 70 71 72
重建生态系统	73 74 75 76 77 78
处理雨水	79 80 81 82 83 84 85 86 87 88
处理植被	89 90 91 92 93 94 95 96 97 98 99 100
空间维护	101 102 103 104 105
处理季节性问题	106
消除噪声污染	107
土方工程	108 109 110 111 112 113 114
建立联系	115 116 117 118 119 120
融合	121 122
可持续式交通	123
分隔经常使用和不常使用的功能区	124 125 126 127 128 129 130 131
参与性	132 133 134 135 136 137 138 139
预防和保证举措	140 141 142 143 144 145 146
营造微气候	147 148 149 150
教育性	151 152
劝阻	153 154 155 156 157 158
确保出入的便捷性	159 160 161 162 163 164 165 166 167
营造共享体验	168 169 170
逃离	171
重新使用	172 173
循环利用	174
空间恢复	175
优化材料应用	176 177 178 179 180 181 182 183
提高材料耐久性	184 185 186 187 188 189 190
营造空间结构	191 192 193 194 195 196 197
模糊界限	198
耐久性	199 200 201 202
引发体验	203 204 205 206 207
系统化	208 209 210 211 212 213
跟踪控制	214
定制	215 216 217 218 219 220 221
重新使用	222 223 224 225
伪装	226 227
模糊界限	228
营造参照点	229 230 231 232
营造景观环境	233 234 235
避免光污染	236 237 238 239

激活城市中心区

统一城市的架构需要对战略点进行操作，以确保其能够具有持久的魅力。相对于大型整修项目而言，这些项目更为经济实用，并且可以独立实施。当时机成熟时，这些项目可以整合在一起，以打造更为紧凑的、相互关联的空间架构。

1

广场和遮阳伞

开放式公共活动中心
PAREDES.PINO ARQUITECTOS
西班牙科尔多瓦（2010年）

页码 .... 86—95

2

大型遮棚

剧院广场
STUDIO ASSOCIATO SECCHI-VIGANÒ
比利时安特卫普（2008年）

页码 .... 132—139

5

混合式广场草地

伊利街广场
STOSSLU
美国密尔沃基（2010）

页码 .... 140—145

6

公园和自行车道

布鲁克林大桥公园
MICHAEL VAN VALKENBURGH ASSOCIATES
美国纽约（2010—2013）

页码 .... 146—153

7

原海港码头上的公共空间

Race街码头
JAMES CORNER FIELD OPERATIONS
美国费城（2011）

页码 .... 154—157

10

户外活动走廊

Superkilen
BIG, TOPOTEK1, SUPERFLEX
丹麦哥本哈根（2011年）

页码 .... 192—199

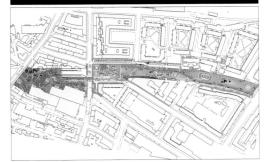

11

占用空间

当城市的发展或内部改造步伐减缓时，空白用地将面临这样一种机遇：用公共活动空间来暂时性地占用这些空间。这些空间较短的生命周期使得我们可以在空间外观上开展某项试验，同时使可逆性建筑解决方案与非常有限的预算相适应。

拼接式的临时性活动空间

腓特烈西亚C临时公园
SLA
丹麦腓特烈西亚（2011）

页码 .... 60—65

3 运动场、操场和其他设施

狮园
Rural Studio
美国格林斯博罗市（2010年）

页码 .... 238—247

重建滨水区

滨水区或者河畔地区作为海港基础设施或者活动区每况愈下，这些空间急需富有前景的改造项目，因为这些地方保留着城市的很多希望。这些新建设施都调动大量的公共资源，城市可能会为了实现某个统一的最终形象，从而将该项目拆分成很多个部分，然后每一部分再独立实施。

4 自行车道

里斯本自行车道
GLOBAL ARQUITECTURA PAISAGISTA
葡萄牙里斯本（2009）

页码 .... 66—71

为郊区注入活力

服务框架结构和公共空间保持了社会凝聚力，如果公共空间延伸至整个城市区域中，不仅可以避免不平等性，而且可以使打造品质空间少走一些弯路。如果城市周边地区的公共空间极具吸引力且各个部分联系紧密时，可以减少隔离、促进空间融合。

8 将城市中心区与郊区融为一体

萨拉格萨电车轨道
ALDAYJOVER
西班牙萨拉格萨（2011）

页码 .... 78—95

9 桥型网络结构

马德里RIO
BURGOS & GARRIDO, PORRAS LA CASTA,
RUBIO & ÁLVAREZ-SALA, WEST8
西班牙马德里（2011）

页码 .... 96—125

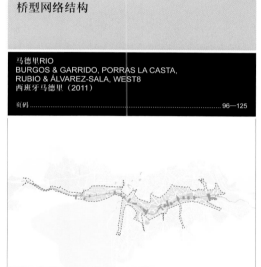

12 文化活动空间及花园

Lentspace
Interboro Partners
美国纽约（2009年）

页码 .... 174—179

13 草坪、游乐岛和林地

Nordbanhof公园
Fugmann Janota
德国柏林（2009年）

页码 .... 200—205

14 草地、林地、操场和运动场

Gleisdreieck公园
Atelier Loidl
德国柏林（2011年）

页码 .... 206—211

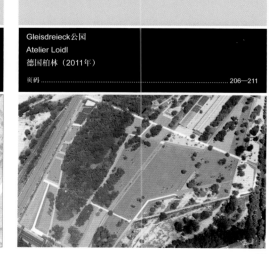

15

景观走廊

德绍景观走廊
Station C23
德国德绍（2010年）

页码 .... 212—231

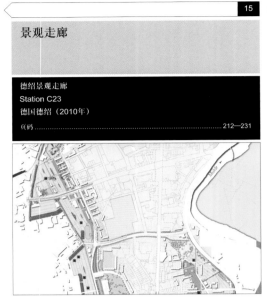

16

试验田

德绍景观走廊
Station C23
德国德绍（2010年）

页码 .... 212—231

17

纪念广场

德绍景观走廊
Station C23
德国德绍（2010年）

页码 .... 212—231

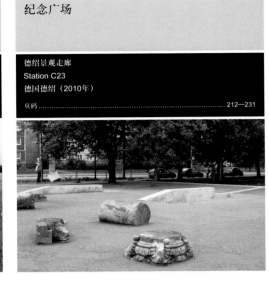

20

运动区和游戏场地

Theresienhöhe铁路遮蔽空间
TOPOTEK 1
德国慕尼黑 (2010)

页码 .... 72—77

21

高架行人道

高线公园
JAMES CORNER FIELD OPERATIONS,
DILLER SCOFIDIO+RENFRO
美国纽约（2011）

页码 .... 158—173

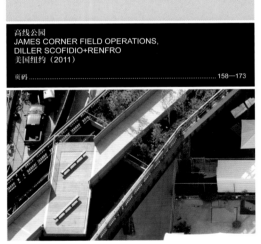

22

收费运动区和活动广场

宫下公园的翻新改建
Atelier Bow-Wow
日本东京（2011年）

页码 .... 180—191

将走廊用作设施

　　对于公共走廊来说，能够成为支撑新建或者废弃的交通运输网络结构的设施，是一种极好的机遇，其将城市空间中的不同部分联系在一起。其路线伴随着很多纵向的空间带，以富有节奏的元素和活动中心区进行点缀，缓和了城市与基础设施之间不太融洽的关系。

25

高速公路

马德里RIO
BURGOS & GARRIDO, PORRAS LA CASTA,
RUBIO & ÁLVAREZ-SALA, WEST8
西班牙马德里（2011）

页码 .... 96—125

26

铁路通道

高线公园
JAMES CORNER FIELD OPERATIONS,
DILLER SCOFIDIO+RENFRO
美国纽约（2011）

页码 .... 158—173

草地和休息区

18

德绍景观走廊
Station C23
德国德绍（2010年）

页码 .... 212—231

小路和休息区

19

德绍景观走廊
Station C23
德国德绍（2010年）

页码 .... 212—231

激活间隙空间

当地块极其稀缺时，仅存的自由空间就变得极具价值。其有时略显尴尬的地理位置可能会成为一种机遇，在人们意想不到的地方打造一些城市公共空间项目。其作为"剩余者"的角色可以避免这些空间在早期被规划，而今天，它们却可以被用来弥补空间的不足。

入口通道、公园和操场

23

克里夫顿山铁路
Jeavons Landscape Architects
澳大利亚墨尔本（2011年）

页码 .... 232—237

优化空间

在高度集合化的城市里，土地的价格与人们对土地的兴趣密切相关。作为一种稀缺资源，自由空间被以非常聪明的方式利用起来。对于市民来说，高度优化的空间确保了空间的公共用途可以得到最大限度的实现。

清除周边的坡地

24

宫下公园的翻新改建
Atelier Bow-Wow
日本东京（2011年）

页码 .... 180—191

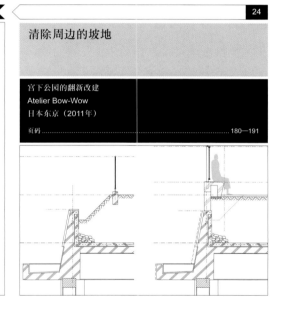

间隙空间中的走廊

27

Superkilen
BIG, TOPOTEK1, SUPERFLEX
丹麦哥本哈根（2011年）

页码 .... 192—199

行人通道

28

Gleisdreieck公园
Atelier Loidl
德国柏林（2011年）

页码 .... 206—211

铁路走廊

29

克里夫顿山铁路
Jeavons Landscape Architects
澳大利亚墨尔本（2011年）

页码 .... 232—237

生成矩阵

基于重复元素形成的复合元素可以用来开展大型设施。这种经济化的资源简化了复杂环境中所开展的活动，并使得各个空间能够融合在一起。应用生成矩阵实现了建筑系统和各个元素的系列化，进而减少了项目花费。

五种不同型号的遮阳伞

公共活动中心的开放式中心
PAREDES.PINO ARQUITECTOS
西班牙科尔多瓦（2010）

页码 .... 86—95

剖面

马德里RIO
BURGOS & GARRIDO, PORRAS LA CASTA,
RUBIO & ÁLVAREZ-SALA, WEST8
西班牙马德里（2011）

页码 .... 96—125

植被肌理结构和河床

马德里RIO
BURGOS & GARRIDO, PORRAS LA CASTA,
RUBIO & ÁLVAREZ-SALA, WEST8
西班牙马德里（2011）

页码 .... 96—125

沙地的色彩

赫拉克勒斯商场
JOSÉ ANTONIO MARTÍNEZ LAPEÑA & ELÍAS TORRES
西班牙塞维利亚（2009）

页码 .... 126—131

原有结构的布局

Race街码头
JAMES CORNER FIELD OPERATIONS
美国费城（2011）

页码 .... 154—157

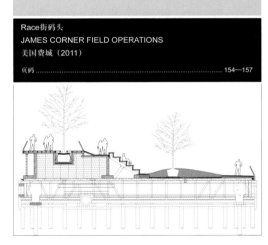

自然植被

腓特烈西亚C临时公园
SLA
丹麦腓特烈西亚（2011）

页码 .... 60—65

随意的植被

Nordbanhof公园
FUGMANN JANOTA
德国柏林（2009年）

页码 .... 200—205

随意性

虚拟空间越受欢迎，现实的活力就会越发降低，后者要与人们对安全性的关注和功能分区作斗争。一些项目提出了很多颇具随意性的空间设置，具有极大的不确定性，可以开展数不胜数的项目规划。这些空间可以与时间的流逝相适应，同时满足适应者的不同需求。这些项目的空间可以用来满足各种未经规划的活动的需要。

板材体系和植被

高线公园
JAMES CORNER FIELD OPERATIONS,
DILLER SCOFIDIO+RENFRO
美国纽约（2011）

页码......................................158—173

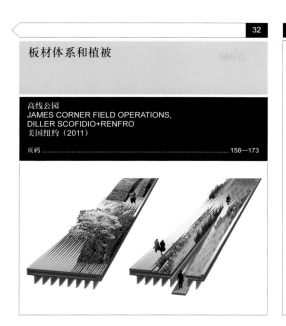

将过去转变成为设计发生器

　　过去的轨迹证明了该公共空间的规划、构造和材料决策的正确性。规划这些空间的政府部门和作为终端用户的社会大众都可以很轻松地理解这些内容。更新这些项目需要设计师在人们的固有回忆和怀旧之情之间建立一个中间点。

原有的城市肌理

腓特烈西亚C临时公园
SLA
丹麦腓特烈西亚（2011）

页码..60—65

原有树木

宫下公园的翻新改建
Atelier Bow-Wow
日本东京（2011年）

页码......................................180—191

街道布局

德绍景观走廊
Station C23
德国德绍（2010年）

页码......................................212—231

融入偶然性

　　不测事件可作为富有建设性的方面应用到项目理念中，当应用恰当时，会发挥出非常强大的作用。基于其他致力于避免不测事件发生的花费，意外开支是削减正常开支的主要方面。而且，不测事件还可帮助人们打造出一些出乎人们意料的新景观。

移动式设施

腓特烈西亚C临时公园
SLA
丹麦腓特烈西亚（2011）

页码..60—65

免受阳光直射的连续表面

开放式的公共活动中心
PAREDES.PINO ARQUITECTOS
西班牙科尔多瓦（2010年）

页码..86—95

可举办各种活动的大型休憩场

马德里RIO
BURGOS & GARRIDO, PORRAS LA CASTA,
RUBIO & ÁLVAREZ-SALA, WEST8
西班牙马德里（2011）

页码..96—125

44

遮棚和铺地

剧院广场
STUDIO ASSOCIATO SECCHI-VIGANÒ
比利时安特卫普（2008年）

页码 .... 132—139

45

不规则的设施布局

伊利街广场
STOSSLU
美国密尔沃基（2010）

页码 .... 140—145

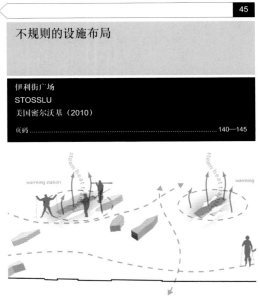

46

市场和休闲散步道

Superkilen
BIG, TOPOTEK1, SUPERFLEX
丹麦哥本哈根（2011年）

页码 .... 192—199

49

河床

马德里RIO
BURGOS & GARRIDO, PORRAS LA CASTA,
RUBIO & ÁLVAREZ-SALA, WEST8
西班牙马德里（2011）

页码 .... 96—125

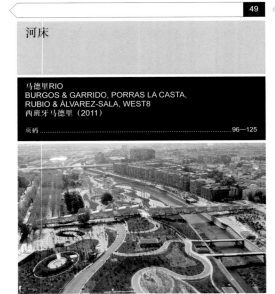

50

樱树

马德里RIO
BURGOS & GARRIDO, PORRAS LA CASTA,
RUBIO & ÁLVAREZ-SALA, WEST8
西班牙马德里（2011）

页码 .... 96—125

51

巴洛克花园

马德里RIO
BURGOS & GARRIDO, PORRAS LA CASTA,
RUBIO & ÁLVAREZ-SALA, WEST8
西班牙马德里（2011）

页码 .... 96—125

55

沃利茨花园王国

德绍景观走廊
Station C23
德国德绍（2010年）

页码 .... 212—231

56

沟渠

克里夫顿山铁路
Jeavons Landscape Architects
澳大利亚墨尔本（2011年）

页码 .... 232—237

整合现有元素

　　将原先存在的一些元素融入项目之中，不仅以鲜活的方式呈现出了人们记忆中的地域环境，而且与基础设施、建筑和其他设施的融合使项目计划更容易得以实施，同时能够展现出整个空间布局，使各项项目决策显得更合理。赋予重新发掘出的各个环境元素以新的活力，并在必要时将其投入循环利用。这样的设计决策可以降低花费，并减少项目实施过程中的浪费。

重建一个主题

选择一个主题可以帮助常常要与一些艰苦严苛的环境状况作斗争的公共空间确立一种特性。设计团队通过重建一种与地域的过去、周边环境相关的空间氛围或者借鉴遥远地域的空间氛围，能够以一种协调的方式处理该空间，并基于相关决策选择材料，设置以及确定空间布局。

47

荒地

腓特烈西亚C临时公园
SLA
丹麦腓特烈西亚（2011）

页码 .... 60—65

48

科尔多瓦清真寺

开放式的公共活动中心
PAREDES.PINO ARQUITECTOS
西班牙科尔多瓦（2010年）

页码 .... 86—95

52

铁路桥

马德里RIO
BURGOS & GARRIDO, PORRAS LA CASTA,
RUBIO & ÁLVAREZ-SALA, WEST8
西班牙马德里（2011）

页码 .... 96—125

53

沼泽地

伊利街广场
STOSSLU
美国密尔沃基（2010）

页码 .... 140—145

54

历史悠久的景观建筑设施中的异域风情花园

Superkilen
BIG, TOPOTEK1, SUPERFLEX
丹麦哥本哈根（2011年）

页码 .... 192—199

57

海港仓库

里斯本自行车道
GLOBAL ARQUITECTURA PAISAGISTA
葡萄牙里斯本（2009）

页码 .... 66—71

58

马德里马塔德罗

马德里RIO
BURGOS & GARRIDO, PORRAS LA CASTA,
RUBIO & ÁLVAREZ-SALA, WEST8
西班牙马德里（2011）

页码 .... 96—125

59

改造历史悠久的大桥

马德里RIO
BURGOS & GARRIDO, PORRAS LA CASTA,
RUBIO & ÁLVAREZ-SALA, WEST8
西班牙马德里（2011）

页码 .... 96—125

60

改造历史悠久的水坝

马德里RIO
BURGOS & GARRIDO, PORRAS LA CASTA,
RUBIO & ÁLVAREZ-SALA, WEST8
西班牙马德里（2011）

页码..96—125

61

存储仓库

布鲁克林大桥公园
MICHAEL VAN VALKENBURGH ASSOCIATES
美国纽约（2010-2013）

页码..146—153

62

码头装卸区

Race街码头
JAMES CORNER FIELD OPERATIONS
美国费城（2011）

页码..154—157

66

铁路轨道

Gleisdreieck公园
Atelier Loidl
德国柏林（2011年）

页码..206—211

67

工业遗存和拆迁废墟

德绍景观走廊
Station C23
德国德绍（2010年）

页码..212—231

68

铁路轨道

克里夫顿山铁路
Jeavons Landscape Architects
澳大利亚墨尔本（2011年）

页码..232—237

71

铁路桥

克里夫顿山铁路
Jeavons Landscape Architects
澳大利亚墨尔本（2011年）

页码..232—237

72

公园亭台

狮园
Rural Studio
美国格林斯博罗市（2010年）

页码..238—247

栖息地

重建生态系统

地域的城市化严重破坏了现有的自然栖息地。在世纪之交，随着生产方式的转型升级和人们环境意识的提升，大片的土地重新回到了城市之中，且是按照可持续的空间理念进行清理。在这样的背景下，传统的景观设计方法不再占据上风，顺势涌现了很多其他类型的设计策略，这就使得自然重新回到了城市之中。

63

五人制足球场地

宫下公园的翻新改建
Atelier Bow-Wow
日本东京（2011年）

页码 .... 180—191

64

室外广场

Superkilen
BIG, TOPOTEK1, SUPERFLEX
丹麦哥本哈根（2011年）

页码 .... 192—199

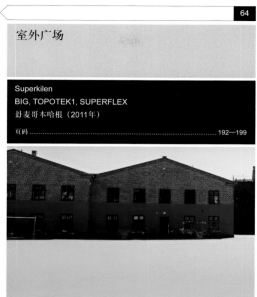

65

墙体、铁路轨道和历史悠久的坡道

Nordbanhof公园
Fugmann Janota
德国柏林（2009年）

页码 .... 200—205

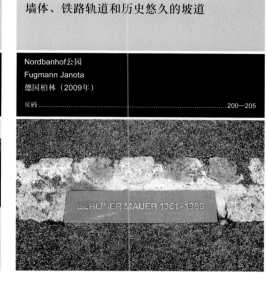

重新解读原有空间环境

利用原有环境改变空间布局或者使原有环境满足新的用途是空间改造的一部分，涉及对空间氛围、项目本身及各个空间元素的循环利用，而这些可以保持人们对地域回忆的鲜活性，并进一步强化该项目的空间外观。

69

自然植被

高线公园
JAMES CORNER FIELD OPERATIONS,
DILLER SCOFIDIO+RENFRO
美国纽约（2011）

页码 .... 158—173

70

检修孔

德绍景观走廊
Station C23
德国德绍（2010年）

页码 .... 212—231

73

改造河床

马德里RIO
BURGOS & GARRIDO, PORRAS LA CASTA,
RUBIO & ÁLVAREZ-SALA, WEST8
西班牙马德里（2011）

页码 .... 96—125

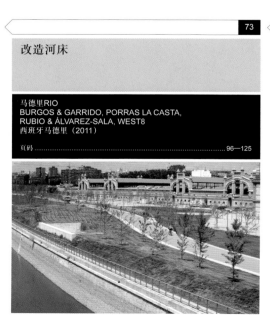

74

减少二氧化碳的排放

马德里RIO
BURGOS & GARRIDO, PORRAS LA CASTA,
RUBIO & ÁLVAREZ-SALA, WEST8
西班牙马德里（2011）

页码 .... 96—125

75

使用本土物种进行重新栽种

布鲁克林大桥公园
MICHAEL VAN VALKENBURGH ASSOCIATES
美国纽约（2010—2013）

页码 .... 146—153

强化迁徙线路

76

德绍景观走廊
Station C23
德国德绍（2010年）

页码 .... 212—231

设有昆虫巢穴的低矮墙体

77

德绍景观走廊
Station C23
德国德绍（2010年）

页码 .... 212—231

重新栽种上本土物种

78

克里夫顿山铁路
Jeavons Landscape Architects
澳大利亚墨尔本（2011年）

页码 .... 232—237

雨水罐

81

赫拉克勒斯商场
JOSÉ ANTONIO MARTÍNEZ LAPEÑA & ELÍAS TORRES
西班牙塞维利亚（2009）

页码 .... 126—131

打造坡道和排水区

82

剧院广场
STUDIO ASSOCIATO SECCHI-VIGANÒ
比利时安特卫普（2008年）

页码 .... 132—139

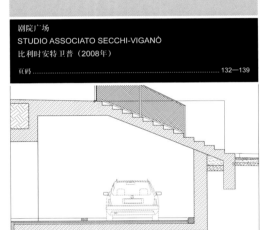

综合式排水系统

83

剧院广场
STUDIO ASSOCIATO SECCHI-VIGANÒ
比利时安特卫普（2008年）

页码 .... 132—139

雨水收集池

87

德绍景观走廊
Station C23
德国德绍（2010年）

页码 .... 212—231

雨水收集池

88

狮园
Rural Studio
美国格林斯博罗市（2010年）

页码 .... 238—247

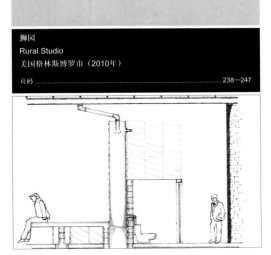

处理植被

　　长久以来，人们迫切希望城市中能重新拥有自然的氛围，将城市转变成为生机勃勃的场所。设计师给景观植被的传统装饰和空间构成设置了严格的标准，以降低花费，并保证市民的安全。除此之外，使用者的参与性、市民管理和对空间的看护对于整个项目也发挥着越来越重要的作用。

处理雨水

在某种程度上，在大幅地块上进行空间设计需要很好地处理排水方面的问题。良好的水处理系统不仅有益于建筑本身，而且可以很好地弥补周边城市环境方面的不足。雨水处理系统一般会影响到空间布局，故而该系统的设置要能确保可以将水重新利用起来，以减小该设施对整体环境的影响。

79

有孔式路缘石

里斯本自行车道
GLOBAL ARQUITECTURA PAISAGISTA
葡萄牙里斯本（2009）
页码 .... 66—71

80

综合排水设施

开放式的公共活动中心
PAREDES.PINO ARQUITECTOS
西班牙科尔多瓦（2010年）
页码 .... 86—95

84

人造地形

伊利街广场
STOSSLU
美国密尔沃基（2010）
页码 .... 140—145

85

雨水储存罐

布鲁克林大桥公园
MICHAEL VAN VALKENBURGH ASSOCIATES
美国纽约（2010—2013）
页码 .... 146—153

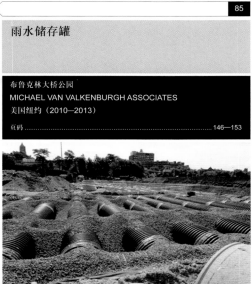

86

有排水孔式树坑

宫下公园的翻新改建
Atelier Bow-Wow
日本东京（2011年）
页码 .... 180—191

89

种植箱中的松树

Theresienhöhe铁路遮蔽空间
TOPOTEK 1
德国慕尼黑（2010）
页码 .... 72—77

90

清理树篱

萨拉格萨电车轨道
ALDAYJOVER
西班牙萨拉格萨（2011）
页码 .... 78—95

91

不需太多维护的碎石铺地花园

萨拉格萨电车轨道
ALDAYJOVER
西班牙萨拉格萨（2011）
页码 .... 78—95

92

低消耗的丛林

马德里RIO
BURGOS & GARRIDO, PORRAS LA CASTA,
RUBIO & ÁLVAREZ-SALA, WEST8
西班牙马德里（2011）

页码 .... 96—125

93

根茎固定系统和通风管

马德里RIO
BURGOS & GARRIDO, PORRAS LA CASTA,
RUBIO & ÁLVAREZ-SALA, WEST8
西班牙马德里（2011）

页码 .... 96—125

94

植被类型层次

伊利街广场
STOSSLU
美国密尔沃基（2010）

页码 .... 140—145

98

原有的自然环境和新栽种的植被

Gleisdreieck公园
Atelier Loidl
德国柏林（2011年）

页码 .... 206—211

99

实验草坪

德绍景观走廊
Station C23
德国德绍（2010年）

页码 .... 212—231

100

清理杂草

克里夫顿山铁路
Jeavons Landscape Architects
澳大利亚墨尔本（2011年）

页码 .... 232—237

103

规划好花坛和矮树丛

宫下公园的翻新改建
Atelier Bow-Wow
日本东京（2011年）

页码 .... 180—191

104

野生草地

Nordbanhof公园
Fugmann Janota
德国柏林（2009年）

页码 .... 200—205

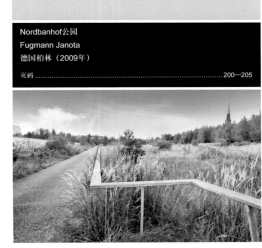

105

不同类型的空间由专人负责

德绍景观走廊
Station C23
德国德绍（2010年）

页码 .... 212—231

不同的植被

高线公园
JAMES CORNER FIELD OPERATIONS,
DILLER SCOFIDIO+RENFRO
美国纽约（2011）

页码 .... 158—173

树木苗圃

Lentspace
Interboro Partners
美国纽约（2009年）

页码 .... 174—179

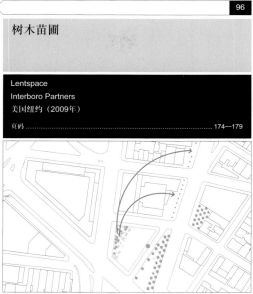

适应北欧气候条件的耐寒棕榈树

Superkilen
BIG, TOPOTEK1, SUPERFLEX
丹麦哥本哈根（2011年）

页码 .... 192—199

空间维护

公共空间设计的成功在很大程度上有赖于时间来见证。而为了达到这种成功的设计，有必要预见到，从长远来看空间维护方面的一些需求。为了赋予设计策略以很高的可行性，必须根据特定条件制定具体的解决方案，以降低因空间维护而产生的经济花费和环境消耗。

草地和河畔林地的局限性

马德里RIO
BURGOS & GARRIDO, PORRAS LA CASTA,
RUBIO & ÁLVAREZ-SALA, WEST8
西班牙马德里（2011）

页码 .... 96—125

草坪区边缘的金属板材

马德里RIO
BURGOS & GARRIDO, PORRAS LA CASTA,
RUBIO & ÁLVAREZ-SALA, WEST8
西班牙马德里（2011）

页码 .... 96—125

处理季节性问题

我们要与自然相适应而非控制自然。为何不把一年中气候和季节的循环变化及其对水位和植被的影响充分利用起来呢？这样带来的将是变化的空间，使用者依据自然的指令会收获多样的感受。

板桩墙上的垂直切口

伊利街广场
STOSSLU
美国密尔沃基（2010）

页码 .... 140—145

消除噪声污染

生活于稠密的城市之中可能会带来一些缺点，公共空间设计的一项主要目标即是减轻这些缺点所带来的伤害。如果居民感受不到轻松，那么拥挤的城市空间就处在了危险之中。故而有必要为城市打造出舒适的空间，这样人们也就不必再想方设法逃避到宁静的郊区中。

107

绿色地带

马德里RIO
BURGOS & GARRIDO, PORRAS LA CASTA,
RUBIO & ÁLVAREZ-SALA, WEST8
西班牙马德里（2011）

页码..........................96—125

土方工程

对于任何工程操作而言，转运泥土和碎石都是极端非可持续性的工作。将废弃材料重新利用起来，用作建筑材料，这就免去了转运、倾倒方面的工作，同时也对重新定义景观空间提供了一种经济高效的解决方案。项目附近的土方工程材料都可以被利用起来以达到同样的目标。

108

聚苯乙烯结构和轻质混凝土丘状结构

Theresienhöhe铁路遮蔽空间
TOPOTEK 1
德国慕尼黑 (2010)

页码..........................72—77

112

循环利用的景观元素

Superkilen
BIG, TOPOTEK1, SUPERFLEX
丹麦哥本哈根（2011年）

页码..........................192—199

113

减少项目对周边环境的影响

克里夫顿山铁路
Jeavons Landscape Architects
澳大利亚墨尔本（2011年）

页码..........................232—237

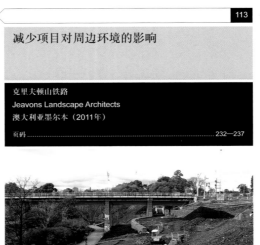

114

循环利用的景观

狮园
Rural Studio
美国格林斯博罗市（2010年）

页码..........................238—247

117

欧洲道路网络路线图

马德里RIO
BURGOS & GARRIDO, PORRAS LA CASTA,
RUBIO & ÁLVAREZ-SALA, WEST8
西班牙马德里（2011）

页码..........................96—125

118

重新改造房屋周边的区域

马德里RIO
BURGOS & GARRIDO, PORRAS LA CASTA,
RUBIO & ÁLVAREZ-SALA, WEST8
西班牙马德里（2011）

页码..........................96—125

119

通道和楼梯

宫下公园的翻新改建
Atelier Bow-Wow
日本东京（2011年）

页码..........................180—191

109 最少的土方工程

马德里RIO
BURGOS & GARRIDO, PORRAS LA CASTA,
RUBIO & ÁLVAREZ-SALA, WEST8
西班牙马德里（2011）

页码 96—125

110 人造地形

布鲁克林大桥公园
MICHAEL VAN VALKENBURGH ASSOCIATES
美国纽约（2010—2013）

页码 146—153

111 聚苯乙烯地形

Race街码头
JAMES CORNER FIELD OPERATIONS
美国费城（2011）

页码 154—157

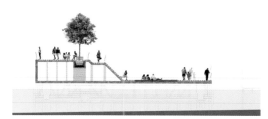

交通线路

建立联系

　　基于经济循环的节奏性发展所开展的城市扩张，导致了一系列零散的、互不联系的空间散落在地块上。准确来讲，公共空间设计的基本目标是将不同的空间整合在一起，在各个空间之间建立起空间层面上和社会层面上的关联。

115 火车站、渡轮码头、停车场以及其他交通设施

里斯本自行车道
GLOBAL ARQUITECTURA PAISAGISTA
葡萄牙里斯本（2009）

页码 66—71

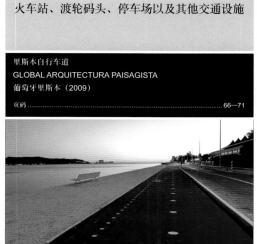

116 绿色的都市走廊

马德里RIO
BURGOS & GARRIDO, PORRAS LA CASTA,
RUBIO & ÁLVAREZ-SALA, WEST8
西班牙马德里（2011）

页码 96—125

120 群岛式的城市空间结构和自然空间设置

德绍景观走廊
Station C23
德国德绍（2010年）

页码 212—231

融合

　　将原有的一些空间元素作为整个项目或者公共空间布局的一部分；整合流线式元素和空间节奏；加入邻近空间的氛围或者景观元素；与周边的空间应用结合起来……在整个项目最后完工之前，在项目设计理念中融入流线式概念可以确保整个项目的成功。

121 人行道、自行车道、汽车道和公共交通线路

萨拉格萨电车轨道
ALDAYJOVER
西班牙萨拉格萨（2011）

页码 78—95

122

活动网络空间

马德里RIO
BURGOS & GARRIDO, PORRAS LA CASTA,
RUBIO & ÁLVAREZ-SALA, WEST8
西班牙马德里 (2011)

页码 .... 96—125

可持续式交通

　　对城市中私人车辆的合理限制已经提上了很多当地政府的议事日程。在这种情况下，公共道路不仅要适应城市中车辆越来越少的现状，而且要限制对这些车辆的应用，对其他类型交通方式的空间需求作出一些回应，其重要性也越发凸显。

123

移除停车空间

赫拉克勒斯商场
JOSÉ ANTONIO MARTÍNEZ LAPEÑA & ELÍAS TORRES
西班牙塞维利亚 (2009)

页码 .... 126—131

126

快速通道和慢行道

马德里RIO
BURGOS & GARRIDO, PORRAS LA CASTA,
RUBIO & ÁLVAREZ-SALA, WEST8
西班牙马德里 (2011)

页码 .... 96—125

127

休息区和交通空间

剧院广场
STUDIO ASSOCIATO SECCHI-VIGANÒ
比利时安特卫普 (2008年)

页码 .... 132—139

128

坡道上平坦的休息区和步行区

Race街码头
JAMES CORNER FIELD OPERATIONS
美国费城 (2011)

页码 .... 154—157

参与性

　　通过自然的应用、维护和活动组织，使用者已经成为城市空间的建设者和管理者。对于专业设计的复杂空间而言，基于涉及项目达成的共识，使用者参与性自项目伊始就极为重要。

132

活动选择

腓特烈西亚C临时公园
SLA
丹麦腓特烈西亚 (2011)

页码 .... 60—65

133

街区画像

马德里RIO
BURGOS & GARRIDO, PORRAS LA CASTA,
RUBIO & ÁLVAREZ-SALA, WEST8
西班牙马德里 (2011)

页码 .... 96—125

分隔经常使用和不常使用的功能区

　　功能应用与使用者的并存是构建公共空间的一个至关重要的理念，然而这也会导致产生一些相互冲突的后果。这样就有必要调和不同的空间节奏，削减空间之间的巨大差异。相对于繁忙的、节奏快的空间环境，设计师更倾向于设计使人倍感放松的、静谧的空间。

铺地和引导标示

里斯本自行车道
GLOBAL ARQUITECTURA PAISAGISTA
葡萄牙里斯本（2009）

页码 .... 66—71

自行车道、行人通道和娱乐休闲区

马德里RIO
BURGOS & GARRIDO, PORRAS LA CASTA,
RUBIO & ÁLVAREZ-SALA, WEST8
西班牙马德里（2011）

页码 .... 96—125

有遮蔽的休息区

高线公园
JAMES CORNER FIELD OPERATIONS,
DILLER SCOFIDIO+RENFRO
美国纽约（2011）

页码 .... 158—173

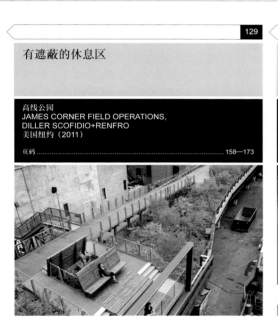

独特的自行车道设计

Superkilen
BIG, TOPOTEK1, SUPERFLEX
丹麦哥本哈根（2011年）

页码 .... 192—199

人行道和自行车道

克里夫顿山铁路
Jeavons Landscape Architects
澳大利亚墨尔本（2011年）

页码 .... 232—237

设计方案

赫拉克勒斯商场
JOSÉ ANTONIO MARTÍNEZ LAPEÑA & ELÍAS TORRES
西班牙塞维利亚（2009）

页码 .... 126—131

攀岩墙的设计

宫下公园的翻新改建
Atelier Bow-Wow
日本东京（2011年）

页码 .... 180—191

选择设施

Superkilen
BIG, TOPOTEK1, SUPERFLEX
丹麦哥本哈根（2011年）

页码 .... 192—199

137

居民区活动区

德绍景观走廊
Station C23
德国德绍（2010年）

页码 .... 212—231

138

对设施的维护

德绍景观走廊
Station C23
德国德绍（2010年）

页码 .... 212—231

139

辨别需求

狮园
Rural Studio
美国格林斯博罗市（2010年）

页码 .... 238—247

142

沟槽式铺路石

赫拉克勒斯商场
JOSÉ ANTONIO MARTÍNEZ LAPEÑA & ELÍAS TORRES
西班牙塞维利亚（2009）

页码 .... 126—131

143

移除树篱

剧院广场
STUDIO ASSOCIATO SECCHI-VIGANÒ
比利时安特卫普（2008年）

页码 .... 132—139

144

开阔的视野

伊利街广场
STOSSLU
美国密尔沃基（2010）

页码 .... 140—145

147

绿色天棚屋顶

萨拉格萨电车轨道
ALDAYJOVER
西班牙萨拉格萨（2011）

页码 .... 78—95

148

遮阳伞

开放式的公共活动中心
PAREDES.PINO ARQUITECTOS
西班牙科尔多瓦（2010年）

页码 .... 86—95

149

栽种耐寒植物，设置棚架和喷泉

赫拉克勒斯商场
JOSÉ ANTONIO MARTÍNEZ LAPEÑA & ELÍAS TORRES
西班牙塞维利亚（2009）

页码 .... 126—131

预防和保证举措

　　使用者的多样性限定了每项设计可能面临的风险等级。然而，不管是应用标准元素还是定制元素，对于使用者来说，仍然有发生意外事件的可能性。随着空间以及组成元素快速的浓缩式发展，这些意外事件正在逐渐减少。如果使用者能够认同其所处的环境，这会提升其安全感，而预防事故也会变得愈加容易。

防滑金属盘

Theresienhöhe铁路遮蔽空间
TOPOTEK 1
德国慕尼黑 (2010)

页码 .... 72—77

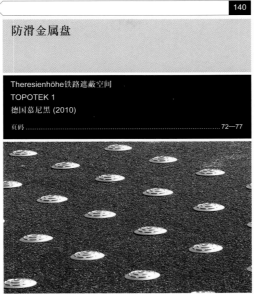

黄砖铺砌的道路

马德里RIO
BURGOS & GARRIDO, PORRAS LA CASTA,
RUBIO & ÁLVAREZ-SALA, WEST8
西班牙马德里（2011）

页码 .... 96—125

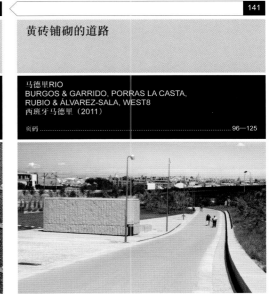

铁丝网围栏

宫下公园的翻新改建
Atelier Bow-Wow
日本东京（2011年）

页码 .... 180—191

墙壁和栅栏

克里夫顿山铁路
Jeavons Landscape Architects
澳大利亚墨尔本（2011年）

页码 .... 232—237

营造微气候

　　很重要的一点是，要确保户外空间的舒适性，同时保证一年中的任何时候都能将户外空间利用起来。对于一年到头都有人在使用的设施而言，对其所在的公共空间进行改造使其适应严酷的气候是大有裨益的，并且也能促使城市依据公共空间的地理位置而改变其占用频率和闲置期。

浅色铺地

布鲁克林大桥公园
MICHAEL VAN VALKENBURGH ASSOCIATES
美国纽约（2010—2013）

页码 .... 146—153

教育性

　　公共空间是最具有教育意义的空间之一，其存在价值在于可供人们直接研究、鉴赏，而非作为虚拟物体存在。现如今，对于大自然和可持续性实践活动的教育已经成为多数城市公园功能的一部分，而关于公共空间的基本功能却不常见。

潮池

布鲁克林大桥公园
MICHAEL VAN VALKENBURGH ASSOCIATES
美国纽约（2010—2013）

页码 .... 146—153

152 红色的小路

德绍景观走廊
Station C23
德国德绍（2010年）

页码 .... 212—231

劝阻

　　公共空间是城市中最为脆弱的空间。其被贴上了"无防卫能力"的标签，经常是各种冲突事件的发生地。赋予公共空间以安全性需要极具前瞻性的机制，可以给所有使用者带来安全感，又不剥夺其权利。

153 路缘石交通分隔带

里斯本自行车道
GLOBAL ARQUITECTURA PAISAGISTA
葡萄牙里斯本（2009）

页码 .... 66—71

157 栏杆标志

Nordbanhof公园
Fugmann Janota
德国柏林（2009年）

页码 .... 200—205

158 周边的沟渠

狮园
Rural Studio
美国格林斯博罗市（2010年）

页码 .... 238—247

确保出入的便捷性

　　与经济发展相伴而生的社会发展包含了充分考虑少数族群的诉求，他们的需求也必须要在公共空间中得以体现。新建的空间，尽管可以重建原始自然环境所需的一些条件，同时也必须确保行动不便的人可以自由出入。

162 平缓的坡道

布鲁克林大桥公园
MICHAEL VAN VALKENBURGH ASSOCIATES
美国纽约（2010—2013）

页码 .... 146—153

163 电梯通道

高线公园
JAMES CORNER FIELD OPERATIONS,
DILLER SCOFIDIO+RENFRO
美国纽约（2011）

页码 .... 158—173

164 电梯

宫下公园的翻新改建
Atelier Bow-Wow
日本东京（2011年）

页码 .... 180—191

154

防护花岗岩

马德里RIO
BURGOS & GARRIDO, PORRAS LA CASTA,
RUBIO & ÁLVAREZ-SALA, WEST8
西班牙马德里（2011）

页码 ....96—125

155

视频监控

马德里RIO
BURGOS & GARRIDO, PORRAS LA CASTA,
RUBIO & ÁLVAREZ-SALA, WEST8
西班牙马德里（2011）

页码 ....96—125

156

控制入口

宫下公园的翻新改建
Atelier Bow-Wow
日本东京（2011年）

页码 ....180—191

159

打造单层空间

萨拉格萨电车轨道
ALDAYJOVER
西班牙萨拉格萨（2011）

页码 ....78—95

160

对坡道的限制

马德里RIO
BURGOS & GARRIDO, PORRAS LA CASTA,
RUBIO & ÁLVAREZ-SALA, WEST8
西班牙马德里（2011）

页码 ....96—125

161

现代桥梁的坡道

马德里RIO
BURGOS & GARRIDO, PORRAS LA CASTA,
RUBIO & ÁLVAREZ-SALA, WEST8
西班牙马德里（2011）

页码 ....96—125

165

入口坡道

Gleisdreieck公园
Atelier Loidl
德国柏林（2011年）

页码 ....206—211

166

盲道引路砖

克里夫顿山铁路
Jeavons Landscape Architects
澳大利亚墨尔本（2011年）

页码 ....232—237

167

楼梯坡道

克里夫顿山铁路
Jeavons Landscape Architects
澳大利亚墨尔本（2011年）

页码 ....232—237

营造共享体验

对于公共空间设计而言，满足个体需求、促进熟人间的互动活动是先决条件。然而，如果设计目标是促进陌生人间的互动、不同年龄人群间的交流或者鼓励人们积极参与集体活动，那么必须提前规划好，避免使公共空间变成摩擦聚集地。

168

移动式模块

Lentspace
Interboro Partners
美国纽约（2009年）

页码 .... 174—179

169

绿毯状的儿童活动场地

Superkilen
BIG, TOPOTEK1, SUPERFLEX
丹麦哥本哈根（2011年）

页码 .... 192—199

重新使用

重复使用柏油一类的原有空间表面以及使用图形元素，这些在低成本空间中的应用变得越来越频繁。另外一种选择是使用原有的废弃材料、聚合物或者木材等，来打造出新的空间表面。

172

原有的铺地

里斯本自行车道
GLOBAL ARQUITECTURA PAISAGISTA
葡萄牙里斯本（2009）

页码 .... 66—71

173

花岗岩石板

布鲁克林大桥公园
MICHAEL VAN VALKENBURGH ASSOCIATES
美国纽约（2010—2013）

页码 .... 146—153

175

重叠元素

腓特烈西亚C临时公园
SLA
丹麦腓特烈西亚（2011）

页码 .... 60—65

176

优化材料应用

对材料的最优化应用源自对所有建筑和其他元素进行充分的研究，对材料的充分利用削减了供货量，使人们更加认识到材料的真正属性并使建筑过程更加系统化。优化应用最首要的是要实现对选择出的材料的正确认知和应用。

花岗岩

马德里RIO
BURGOS & GARRIDO, PORRAS LA CASTA,
RUBIO & ÁLVAREZ-SALA, WEST8
西班牙马德里（2011）

页码 .... 96—125

中心会见区

狮园
Rural Studio
美国格林斯博罗市（2010年）

页码 ....238—247

逃离

城市生活已经使逃离日常现实成为一项公民权利，虽然只是不多的几个转瞬即逝的瞬间。公共空间的首要目标是提升内部空间的舒适度，使人们从劳累的日常工作中解放出来，可以静思冥想，获得精神上的愉悦享受。

休息岛

Nordbanhof公园
Fugmann Janota
德国柏林（2009年）

页码 ....200—205

循环利用

循环过程涉及通过工业过程对材料的改造，将其转变成新的原材料。不同于重新利用，循环利用过程是在场地外开展的，有赖于外部的生产资源。循环利用的元素进行整合所打造的产品，不仅有助于打造空间结构更加可持续的生命周期，也有助于提升传统空间表面的性能。

循环利用的塑料木质平台

Race街码头
JAMES CORNER FIELD OPERATIONS
美国费城（2011）

页码 ....154—157

空间恢复

一些设施的临时性促使建筑体系可以即时开展，在项目开展和建筑拆除方面均是如此。空间恢复方面的需求意味着在打造设施时不应改变空间环境，并且要使用尽可能少的材料来打造空间。

干式建造法和对单独元素的应用使其变得更加容易。

混凝土铺路石

赫拉克勒斯商场
JOSÉ ANTONIO MARTÍNEZ LAPEÑA & ELÍAS TORRES
西班牙塞维利亚（2009）

页码 ....126—131

彩色混凝土铺路石和长椅

剧院广场
STUDIO ASSOCIATO SECCHI-VIGANÒ
比利时安特卫普（2008年）

页码 ....132—139

柏油铺地和碎石小路

布鲁克林大桥公园
MICHAEL VAN VALKENBURGH ASSOCIATES
美国纽约（2010—2013）

页码 ....146—153

180

预制混凝土板材

高线公园
JAMES CORNER FIELD OPERATIONS,
DILLER SCOFIDIO+RENFRO
美国纽约（2011）

页码 ....158—173

181

碎石铺地

Lentspace
Interboro Partners
美国纽约（2009年）

页码 ....174—179

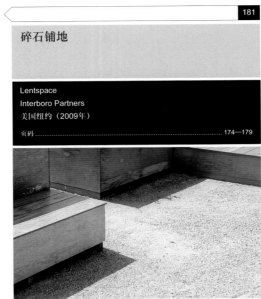

182

有环氧树脂表层的油漆涂层

Superkilen
BIG, TOPOTEK1, SUPERFLEX
丹麦哥本哈根（2011年）

页码 ....192—199

185

柏油路、草地、人造草坪、橡胶格子、碎石和沙地

Theresienhöhe铁路遮蔽空间
TOPOTEK 1
德国慕尼黑 (2010)

页码 ....72—77

186

陶瓷圆石

开放式的公共活动中心
PAREDES.PINO ARQUITECTOS
西班牙科尔多瓦（2010年）

页码 ....86—95

187

木材、混凝土、混凝土铺路石和草地

伊利街广场
STOSSLU
美国密尔沃基（2010）

页码 ....140—145

营造空间结构

　　铺地是公共空间的皮肤，其表面展示了整个项目的主要特色。通过应用空间构成关系，强化了整个空间的特色，并打造出了水平的全景式视野。有赖于空间模式的复杂程度，这样的空间构成可以营造出一种参考关系、创建不同的空间氛围、提升人们的空间体验并最终创建出花费低廉的空间类型。

191

铺地喷涂

里斯本自行车道
GLOBAL ARQUITECTURA PAISAGISTA
葡萄牙里斯本（2009）

页码 ....66—71

192

草坪、柏油路、混凝土、甲板和泥土

萨拉格萨电车轨道
ALDAYJOVER
西班牙萨拉格萨（2011）

页码 ....78—95

彩色混凝土元素

183

Gleisdreieck公园
Atelier Loidl
德国柏林（2011年）

页码 .... 206—211

提高材料耐久性

　　任何公共空间的舒适性在很大程度上有赖于铺地的处理方式，而空间的每项应用都需要有理想的空间表面。不同材料承担不同用途，从儿童游乐区到重型机械维修用道路，这些材料在设计上可以提高人们的体感舒适度，提升人们对空间的感知度，避免冲突产生，并将花费保持在较低水平。

沙地、泥土、混凝土板材、柏油和草地

184

腓特烈西亚C临时公园
SLA
丹麦腓特烈西亚（2011）

页码 .... 60—65

混凝土小路

188

Nordbanhof公园
Fugmann Janota
德国柏林（2009年）

页码 .... 200—205

混凝土通道

189

Gleisdreieck公园
Atelier Loidl
德国柏林（2011年）

页码 .... 206—211

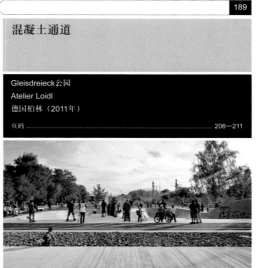

碎石小路

190

德绍景观走廊
Station C23
德国德绍（2010年）

页码 .... 212—231

油漆和镶嵌材料

193

开放式的公共活动中心
PAREDES.PINO ARQUITECTOS
西班牙科尔多瓦（2010年）

页码 .... 86—95

玄武岩和花岗岩圆石

194

马德里RIO
BURGOS & GARRIDO, PORRAS LA CASTA,
RUBIO & ÁLVAREZ-SALA, WEST8
西班牙马德里（2011）

页码 .... 96—125

循环利用的橡胶材料

195

宫下公园的翻新改建
Atelier Bow-Wow
日本东京（2011年）

页码 .... 180—191

196
拼接式的运动场地

Superkilen
BIG, TOPOTEK1, SUPERFLEX
丹麦哥本哈根（2011年）

页码..................................192—199

197
十字路口和植被带的空间结构

德绍景观走廊
Station C23
德国德绍（2010年）

页码..................................212—231

模糊界限

　　景观都市主义的一个主要特点是模糊城市规划与景观设计之间的传统界限。在这种意义上，某些项目可以促使人们在各个方向上拓展空间，以物理的方式来感知空间。

200
混凝土坐凳平台

宫下公园的翻新改建
Atelier Bow-Wow
日本东京（2011年）

页码..................................180—191

201
高性能的木材

Gleisdreieck公园
Atelier Loidl
德国柏林（2011年）

页码..................................206—211

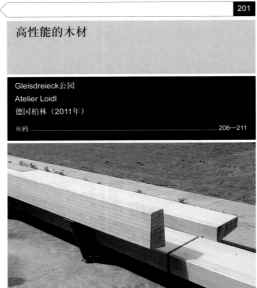

202
强化混凝土设施

狮园
Rural Studio
美国格林斯博罗市（2010年）

页码..................................238—247

205
城市海滩

马德里RIO
BURGOS & GARRIDO, PORRAS LA CASTA,
RUBIO & ÁLVAREZ-SALA, WEST8
西班牙马德里（2011）

页码..................................96—125

206
喷雾设施

赫拉克勒斯商场
JOSÉ ANTONIO MARTÍNEZ LAPEÑA & ELÍAS TORRES
西班牙塞维利亚（2009）

页码..................................126—131

207
迷宫

狮园
Rural Studio
美国格林斯博罗市（2011年）

页码..................................238—247

198

混凝土铺路石和泥土

伊利街广场
STOSSLU
美国密尔沃基（2010）

页码 .... 140—145

199

具有良好耐久性的护柱、座椅和凉亭

赫拉克勒斯商场
JOSÉ ANTONIO MARTÍNEZ LAPEÑA & ELÍAS TORRES
西班牙塞维利亚（2009）

页码 .... 126—131

耐久性

设施和其他元素的耐久性是公共空间设计中的必备条件之一。一些战略举措将重点放在应对一些反社会的行为，而其他一些设计是为应对一些环境因素或经常性使用。

引发体验

没有必要将公共空间的其他部分转变成休闲空间，而是要营造一种空间体验。在更高的高度观察整个空间、打造出人意料的景观环境、创造微气候效果或者开展一些其他活动，这就已经足够了。使用者体验是设计要满足的需求之一，只要公共空间能够营造出这样一些体验，就已经是非常完美的了。

203

喷雾器和跳水板

Theresienhöhe铁路遮蔽空间
TOPOTEK 1
德国慕尼黑（2010）

页码 .... 72—77

204

观景平台

马德里RIO
BURGOS & GARRIDO, PORRAS LA CASTA,
RUBIO & ÁLVAREZ-SALA, WEST8
西班牙马德里（2011）

页码 .... 96—125

系统化

对于建筑类项目而言，为公共空间设计某些特别元素是最能展现建造技艺的方法。在车间开展的试验和误差检验并不总是能与现场状况相吻合。在任何情况下，建筑元素的系统化设计和建筑策略的标准化应用能够提升设计人员对建造结果的掌控力。

208

预制金属盘

开放式的公共活动中心
PAREDES.PINO ARQUITECTOS
西班牙科尔多瓦（2010年）

页码 .... 86—95

209

集中照明

马德里RIO
BURGOS & GARRIDO, PORRAS LA CASTA,
RUBIO & ÁLVAREZ-SALA, WEST8
西班牙马德里（2011）

页码 .... 96—125

210
木质种植槽和坐凳

Lentspace
Interboro Partners
美国纽约（2009年）

页码 .... 174—179

211
多功能柱子

宫下公园的翻新改建
Atelier Bow-Wow
日本东京（2011年）

页码 .... 180—191

212
镀锌钢架

宫下公园的翻新改建
Atelier Bow-Wow
日本东京（2011年）

页码 .... 180—191

定制

　　建筑元素的特色有助于营造整个空间的个性。赋予批量生产的元素以独特个性，将其巧妙利用起来或者增添新的元素，这是实现定制目标最为经济高效的途径。虽然通常情况下，设计师倾向于利用依据上述标准设计的元素来呈现空间的独特个性。

215
维修孔盖

里斯本自行车道
GLOBAL ARQUITECTURA PAISAGISTA
葡萄牙里斯本（2009）

页码 .... 66—71

216
娱乐休闲元素

Theresienhöhe铁路遮蔽空间
TOPOTEK 1
德国慕尼黑（2010）

页码 .... 72—77

220
木质运动场和设施

Gleisdreieck公园
Atelier Loidl
德国柏林（2011年）

页码 .... 206—211

221
移动式货摊

狮园
Rural Studio
美国格林斯博罗市（2010年）

页码 .... 238—247

重新使用

　　将空间中原有的一些元素重新利用起来通常是整个项目的一个组成部分。不管是诸如高架桥一类的大型元素，还是其他小型元素，对这些元素的整合利用都要重新考虑其用途，并审视其在新建空间所发挥的作用。这些元素通常会成为出人意料的空间构成，使得设计师有机会进一步丰富整个项目。

213 预制墙体

狮园
Rural Studio
美国格林斯博罗市（2010年）

页码 .... 238—247

跟踪控制

对于单独元素和其他设施而言，跟踪控制主要是针对原材料资源。其主要是通过提取原材料实现的，而非生产出各个元素。

214 来自附近地块的木质元素

布鲁克林大桥公园
MICHAEL VAN VALKENBURGH ASSOCIATES
美国纽约（2010—2013）

页码 .... 146—153

217 独特的设施

萨拉格萨电车轨道
ALDAYJOVER
西班牙萨拉格萨（2011）

页码 .... 78—95

218 围墙及坐凳

Lentspace
Interboro Partners
美国纽约（2009年）

页码 .... 174—179

219 多元文化设施

Superkilen
BIG, TOPOTEK1, SUPERFLEX
丹麦哥本哈根（2011年）

页码 .... 192—199

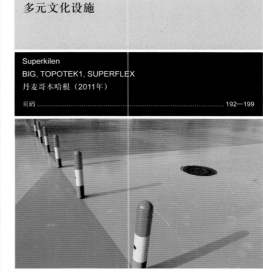

222 对高架桥的重新利用

马德里RIO
BURGOS & GARRIDO, PORRAS LA CASTA,
RUBIO & ÁLVAREZ-SALA, WEST8
西班牙马德里（2011）

页码 .... 96—125

223 俱乐部会所

宫下公园的翻新改建
Atelier Bow-Wow
日本东京（2011年）

页码 .... 180—191

224 方石堆

Nordbanhof公园
Fugmann Janota
德国柏林（2009年）

页码 .... 200—205

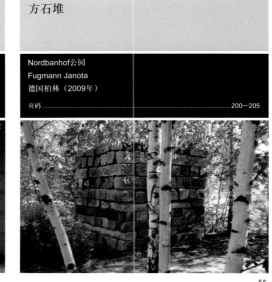

平板长凳

德绍景观走廊
Station C23
德国德绍（2010年）

页码 .... 212—231

伪装

不同于将空间看作殖民地般的空间设计潮流，即使空间充斥着极其醒目的人工制品，伪装式的元素仍然可以营造出更为静谧的空间氛围，整个空间氛围的重要性在个别元素之上。伪装并非意味着拟态化处理，而是凸显了整个项目效果的优先环节。

儿童游乐场

马德里RIO
BURGOS & GARRIDO, PORRAS LA CASTA,
RUBIO & ÁLVAREZ-SALA, WEST8
西班牙马德里（2011）

页码 .... 96—125

营造参考点

照明元素是黑暗中极其重要的参考点。这种内在属性可以通过元素所处的空间位置进行进一步强化。光源的层级利用了对夜间空间的理解程度，进而营造出了必要的光照性能。

背光式电车站

萨拉格萨电车轨道
ALDAYJOVER
西班牙萨拉格萨（2011）

页码 .... 78—95

结构下的照明设施

马德里RIO
BURGOS & GARRIDO, PORRAS LA CASTA,
RUBIO & ÁLVAREZ-SALA, WEST8
西班牙马德里（2011）

页码 .... 96—125

光线投射到铺地上

腓特烈西亚C临时公园
SLA
丹麦腓特烈西亚（2011）

页码 .... 60—65

白色的反光式表面

开放式的公共活动中心
PAREDES.PINO ARQUITECTOS
西班牙科尔多瓦（2010年）

页码 .... 86—95

弯曲式灯柱

Gleisdreieck公园
Atelier Loidl
德国柏林（2011年）

页码 .... 206—211

彩色排水铺地

Superkilen
BIG, TOPOTEK1, SUPERFLEX
丹麦哥本哈根（2011年）

页码 .... 192—199

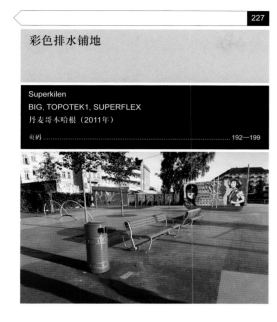

模糊界限

景观都市主义的一个主要特点是模糊城市规划与景观设计之间的传统界限。在这种意义上，某些项目可以促使人们在各个方向上拓展空间，以物理的方式来感知空间。

玻璃屋顶

剧院广场
STUDIO ASSOCIATO SECCHI-VIGANÒ
比利时安特卫普（2008年）

页码 .... 132—139

将照明设施用作建筑元素

伊利街广场
STOSSLU
美国密尔沃基（2010）

页码 .... 140—145

灯柱

Superkilen
BIG, TOPOTEK1, SUPERFLEX
丹麦哥本哈根（2011年）

页码 .... 192—199

营造景观环境

照明改变了人们对空间的印象。在没有自然光照明的夜晚，我们也失去了白天会有的参考点，这样，设计师就有充分的自由打造出夜间的风景线。夜间照明凸显了一些空间轮廓，改变了空间表面，创造出了幻想，并最终打造出崭新的空间，这也进一步拓展了人们对公共空间的选择。

避免光污染

户外空间的照明对生物多样性来说是个巨大的威胁，对于人们欣赏夜空也带来了不小的挑战。公共空间的夜晚不应该与其白天的景象雷同，同样，夜间的应用也不应该与白天相同。夜间空间设计的关键点在于营造出参照物，避免意外事件的发生，所使用的一些元素要能使光线的弥散和能量消耗保持在最低水平。

扶手内的荧光照明设施

马德里RIO
BURGOS & GARRIDO, PORRAS LA CASTA,
RUBIO & ÁLVAREZ-SALA, WEST8
西班牙马德里（2011）

页码 .... 96—125

扶手下的LED照明

Race街码头
JAMES CORNER FIELD OPERATIONS
美国费城（2011）

页码 .... 154—157

铺地内的太阳能照明设施

Race街码头
JAMES CORNER FIELD OPERATIONS
美国费城（2011）

页码 ....154—157

设施下方的照明设施

高线公园
JAMES CORNER FIELD OPERATIONS,
DILLER SCOFIDIO+RENFRO
美国纽约（2011）

页码 ....158—173

公共空间战略

在公共空间中，时间是人们需要与之工作的第一工具。这也就意味着过程是一个时间轴，各个目标按照不同的时间段进行实施。应对这一长长的时间轴需要极高水平的前瞻式规划设计。

作为一项前瞻性的规划设计机制，战略涉及整个项目的微观过程。就像任何其他的前瞻性规划机制一样，战略是拥有自身时间跨度的行动，其致力于达成一定的目标。

本书战略性的分析法能够帮助我们认清现实。这是在项目深入过程中每个人都参与创建的一种方式。就像任何其他的事物一样，这种方式也具有无穷多的可能性。

战略打破了项目的进程，确定了项目的界限，并划定出一条道路，可以使人们通过全局性视野来观察整个项目。

这是将其与常识融合在一起的一种途径，主要是通过几个定位点来实现，这也是项目的目标和战略所在。

本书并没有包含什么锦囊妙计。

公共空间战略

腓特烈西亚C临时公园

编者按

开展由KCAP起草的城市规划方案意味着腓特烈西亚城市中心区面积将增加25%。在规划起草中，将在这处原来的工业棕色地带上打造一座低成本的临时公园。该公园依据历史地图进行布局，重建了城市空间的景观，公园将被用作多用途的框架结构，具体功能由使用者进行定义。在这处可移动式铺地上可开展丰富多彩的与健康、健身有关的活动，具体情况根据实际而定。

地块面积:	140 000 m²
项目造价:	90元 / m²
项目地点:	丹麦，腓特烈西亚
项目时间:	2011年
项目设计:	SLA

地域		地点		对象		

战略 39
理念
融入偶然性
自然植被

战略 175
表面
空间恢复
重叠元素

环
境

战略 11
规划
占用空间
拼接式的临时性活动空间

战略 129
使用者
参与性
活动选择

战略 184
表面
提高材料耐久性
沙地、泥土、混凝土板材、柏油和草地

战略 41
理念
随意性
移动式设施

社
会

战略 33
理念
将过去转变成为设计发生器
原有的城市肌理

战略 47
背景
重建一个主题
荒地

战略 233
照明
营造景观环境
光线投射到铺地上

外
观

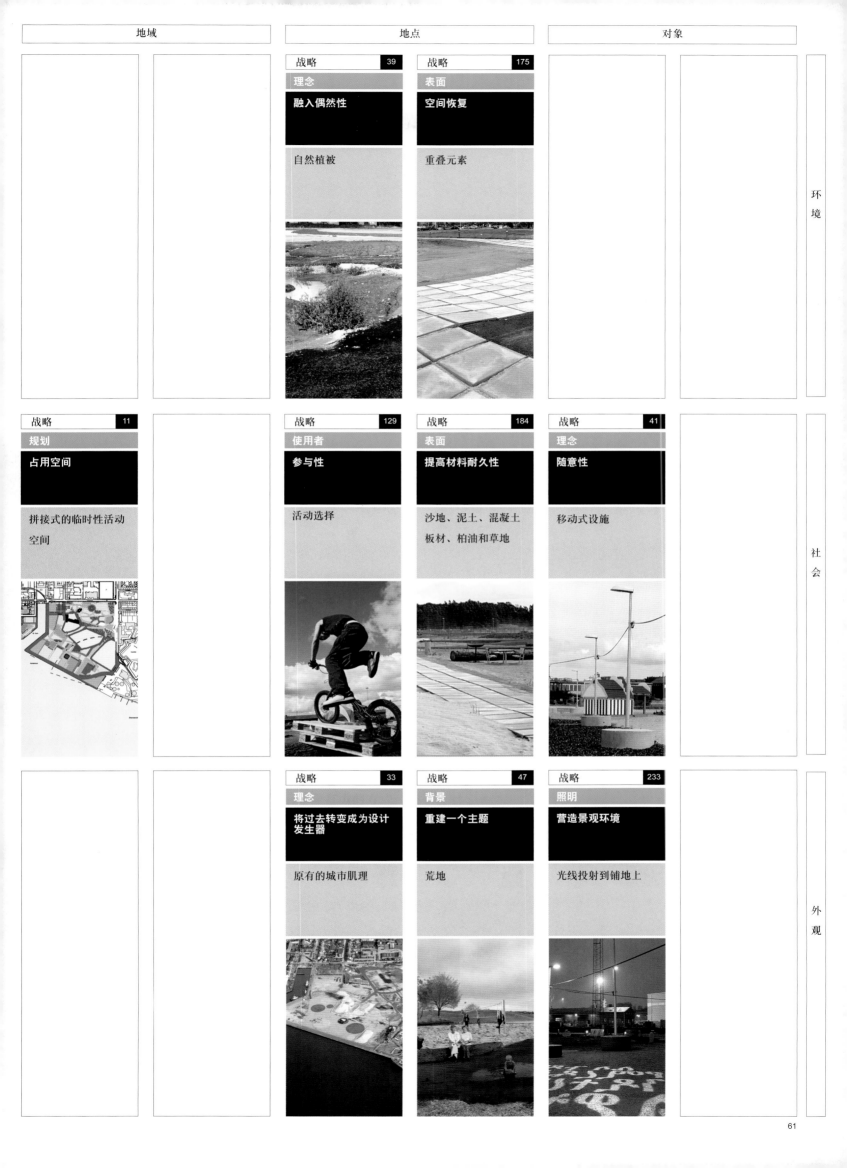

背景

重建一个主题

荒地

设施打造完成之后，该项目最终呈现出了后工业时代的空间特征，既有自由度，又暗含着很多机遇，听凭人们的使用。

规划

占用空间

拼接式的临时性活动空间

一直以来，这些地块均被丰富多彩的功能区所占据，这就使得在其中开展与健康、健身相关的各种活动成为可能。

理念

将过去转变成为设计发生器

原有的城市肌理

　　该项目的正式化外观源自于对该地区历史地图的仔细解读，该地图展示这个地区内第一座城市初建时的整体格局。

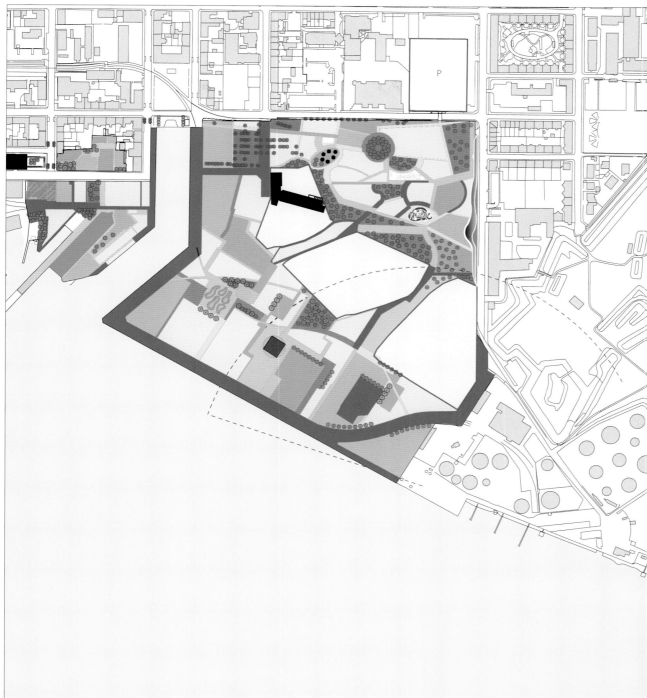

平面图

将过去转变成为设计发生器

理念

融入偶然性

自然植被

该项目并没有设计植被规划，所有的植物均是自然生长的。设计师也没有特别设计排水系统，只是计划在几个不同的地方设置蓄水池。

表面

空间恢复

重叠元素

原有的地形并未改变，设计师将铺地直接设置在崎岖不平的地面上。混凝土板材和框架结构便于拆除，可以轻松搬运到其他的地方。

理念

随意性

移动式设施

该项目拥有以下几项元素：灯具、原木和硬木板材结构。这些元素的规格可依据具体需求而定。

表面

提高材料耐久性

沙地、泥土、水泥板、柏油和草地

地块上不同的空间区相互并列、拥有植被、设置铺地，且大小不一。

活动选择

　　在规划阶段，使用者可以选择在公园中开展的各项活动。而到了现在，人们可以依据活动在使用者中的参与度来对活动类型进行一些改变。

光线投射到铺地上

　　空间高度比其他照明灯稍高一些的聚光灯在柏油铺地上投射出了主题图像。

里斯本自行车道

编者按

　　我们在城市公共空间中推崇和谐共存式的交通模式，并将可持续式的交通模式融入人们的日常生活中。"里斯本自行车道"是雄心勃勃的自行车道城市规划的一部分。该通道将城市中心区与火车站、渡轮港口和其他几处历史悠久的区域联系在一起。操作方式非常简单，预算又可保持在较低水平：柏油路将几处不同的区域串联在一起，并与原有的几处铺地相融合，使这些铺地也得以保全。对表面的喷涂将整个项目联系成一个整体，并以清晰的方式将人行道与自行车道分隔开来。

地块面积：	63 000 m²
项目造价：	130元 / m²
项目地点：	葡萄牙，里斯本
项目时间：	2009年
项目设计：	Global Arquitectura Paisagista

	战略 79
	栖息地
	处理雨水
	有孔式路缘石

环境

战略 4	战略 115	战略 124	战略 172	战略 153
规划	交通线路	交通线路	表面	使用者
重建滨水区	建立联系	分隔经常使用和不常使用的功能区	重新使用	劝阻
自行车道	火车站、渡轮码头、停车场以及其他交通设施	铺地和引导标示	原有的铺地	路缘石交通分隔带

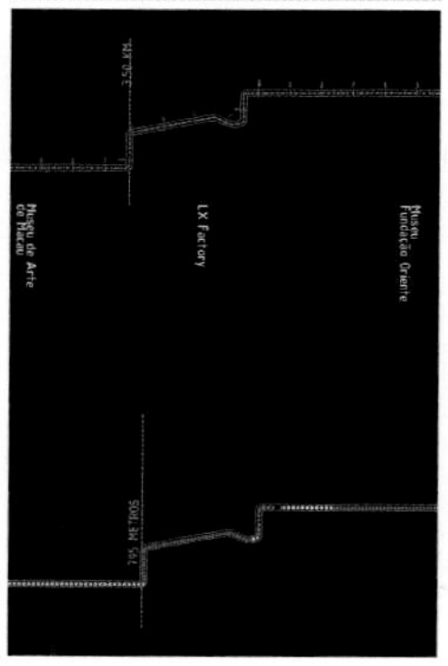

社会

战略 191	战略 57	战略 215
表面	背景	结构和设施
营造空间结构	整合现有元素	定制
铺地喷涂	海港仓库	维修孔盖

外观

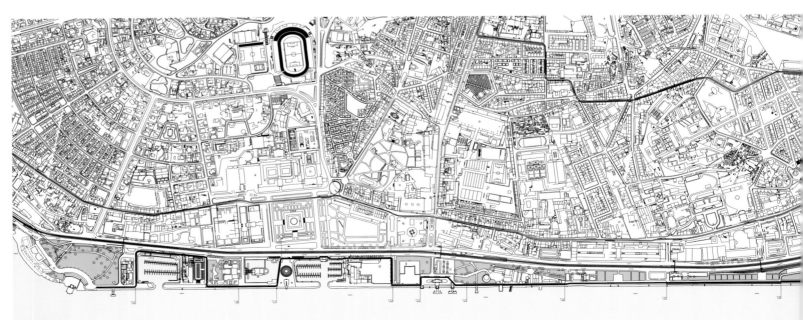

1:10.000 ◗

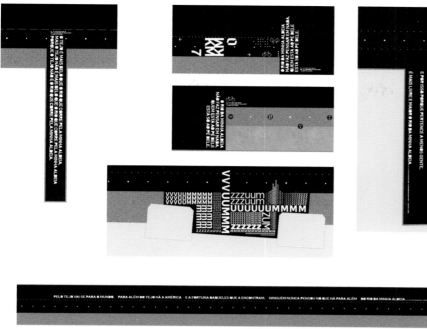

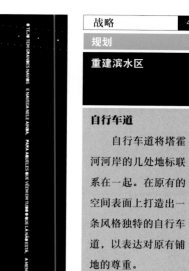

规划

重建滨水区

自行车道

　　自行车道将塔霍河河岸的几处地标联系在一起。在原有的空间表面上打造出一条风格独特的自行车道，以表达对原有铺地的尊重。

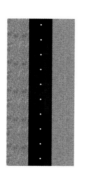

交通线路

分隔经常使用和不常使用的功能区

铺地和引导标示

　　柏油路是专供自行车使用的，每个行车方向均设置了一条行车道。将行车道和引导标示区分开来的虚线会提醒行人们注意道路的专有用途。

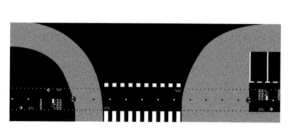

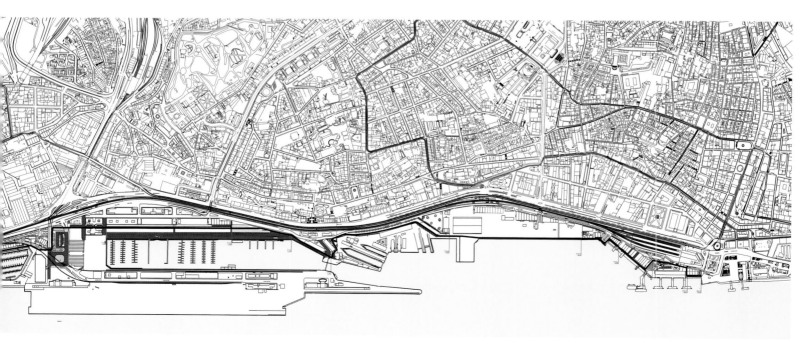

原有的铺地

自行车道在丰富多彩的工业区和历史悠久的地块中穿行而过。60%的路线均可以设置在原有的柏油、石灰岩、玄武岩或者花岗岩圆石铺砌而成的路面上。

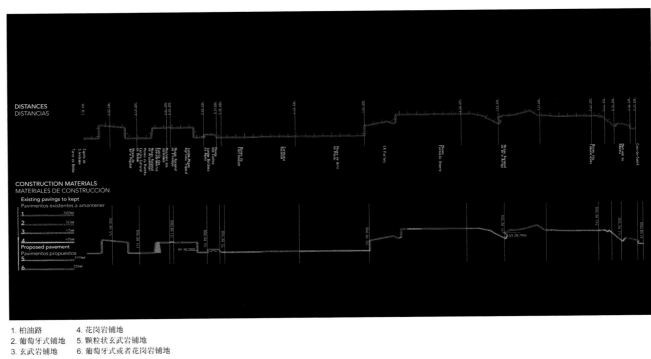

DISTANCES
DISTANCIAS

CONSTRUCTION MATERIALS
MATERIALES DE CONSTRUCCIÓN

Existing pavings to kept
Pavimentos existentes a amantener
1
2
3
4
Proposed pavement
Pavimentos propuestos
5
6

1. 柏油路　　　　　4. 花岗岩铺地
2. 葡萄牙式铺地　　5. 颗粒状玄武岩铺地
3. 玄武岩铺地　　　6. 葡萄牙式或者花岗岩铺地

战略	79	战略	57	战略	115
栖息地		背景		交通线路	
处理雨水		整合现有元素		建立联系	

有孔式路缘石

海港仓库

原有仓库的门被用做了图案的载体，这种图案贯穿整个项目之中，与路线融为一体。

火车站、渡轮码头、停车场以及其他交通设施

7 km的路线将4个火车站、两个渡轮码头和5个停车交通设施联系在一起。

战略	191	战略	215	战略	153
表面		结构和设施		使用者	
营造空间结构		定制		劝阻	

铺地喷涂

在该路线的一部分路段上，会有费尔南多·佩索亚的一首诗陪伴着骑自行车的人们。在其他时间，在一些比较特别的区域，喷涂可用来绘制艺术作品。

维修孔盖

维修孔盖时，使用一层柏油表面作为防护层，其上会绘制很多不同的图案。

路缘石交通分隔带

混凝土路缘石将自行车道与公路分割开来，可避免自行车流与机动车流混在一起。

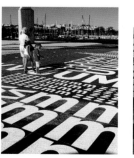

Theresienhöhe铁路遮蔽空间

编者按

    Theresienhöhe是靠近慕尼黑城市中心区的一处新建街区，这个地块之前矗立着一个商品交易中心，后来被拆除。作为一处住宅稠密的城市规划项目，其需要打造一处开放式的公共空间，以弥补紧凑城市空间视野狭小的不足。火车轨道上方空间的设计灵感源于一排排的火车车厢。整个设施的中心地带位于一处人造的聚苯乙烯制景观带上，其中的橡胶地面游乐场、场地和大型沙地毗邻而建。

地块面积：	16 800 m²
项目造价：	1300 元 / m²
项目地点：	德国，慕尼黑
项目时间：	2010 年
项目设计：	TOPOTEK 1

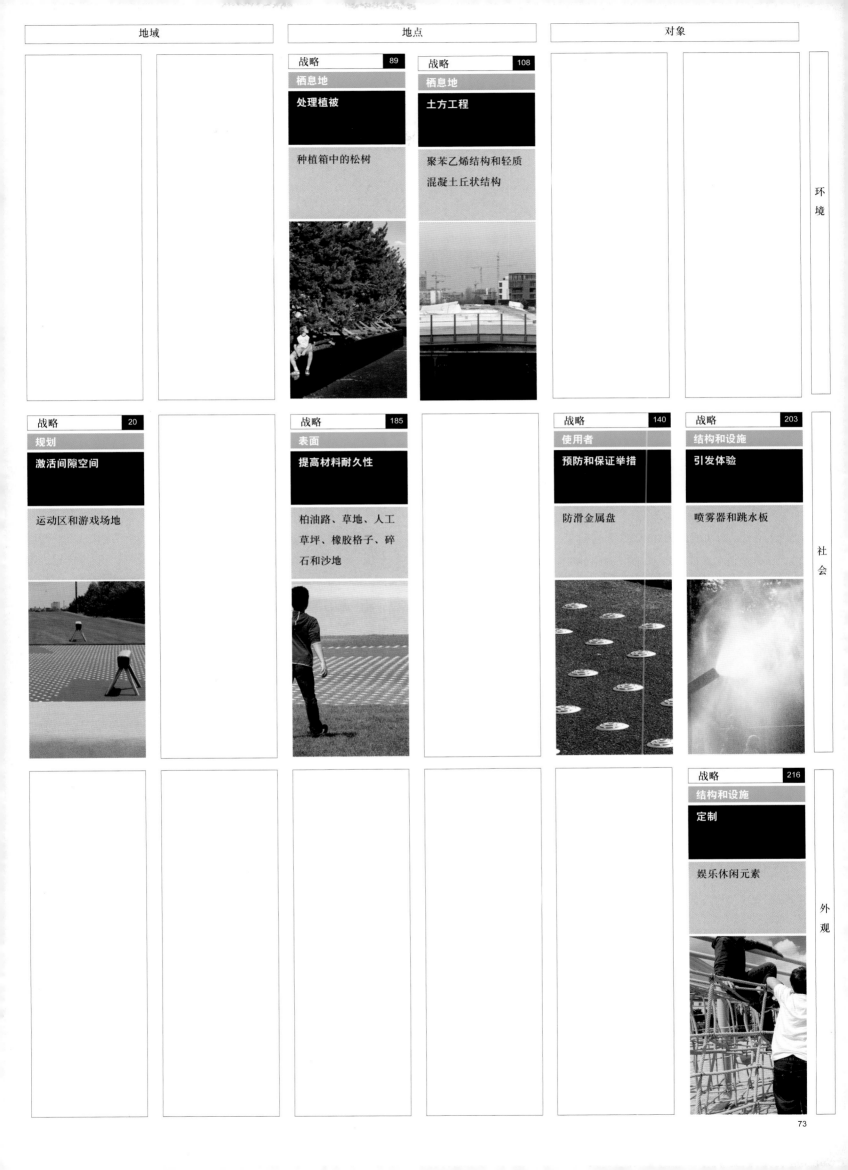

战略 89
栖息地
处理植被
种植箱中的松树

战略 108
栖息地
土方工程
聚苯乙烯结构和轻质混凝土丘状结构

环境

战略 20
规划
激活间隙空间
运动区和游戏场地

战略 185
表面
提高材料耐久性
柏油路、草地、人工草坪、橡胶格子、碎石和沙地

战略 140
使用者
预防和保证举措
防滑金属盘

战略 203
结构和设施
引发体验
喷雾器和跳水板

社会

战略 216
结构和设施
定制
娱乐休闲元素

外观

运动区和游戏场地

这些空间替换了地面的停车场，占据了火车轨道上方的屋顶区域，该项目设计主要是通过新建的 Theresienhöhe街区实现的。

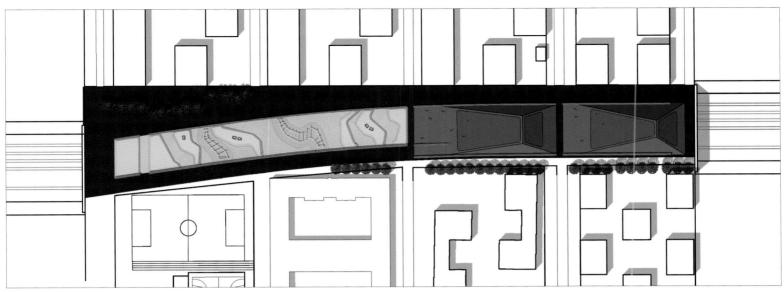

总平面图

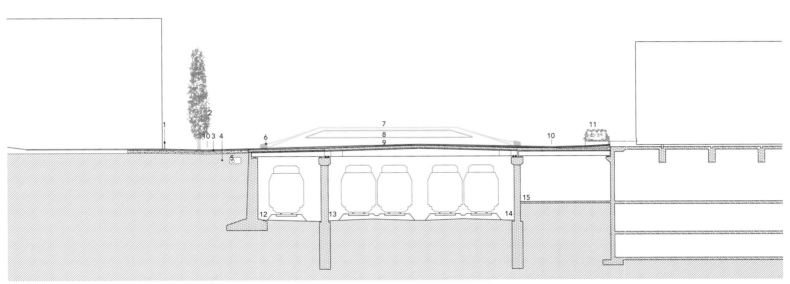

剖面图

1. 护柱	9. 阿斯特罗特夫尼龙草坪
2. 箭杆杨	10. 沟槽
3. 柏油路面	11. 植草区，前部花园
4. 自然土壤	12. 辅助线
5. 渗透式沟渠	13. 慕尼黑—罗森海姆铁路线
6. 墙壁	14. 市区铁路轨道
7. 草垛	15. 地下停车场
8. 草坪	

**聚苯乙烯结构和轻质
混凝土丘状结构**

　　5 m高的丘状结构
中填满了聚苯乙烯材
料，这可以降低其对
板材的压力，并减少
土方工程的工作量。

结构和设施

引发体验

喷雾器和跳水板

喷雾器可以使周边的空气保持清新，跳水板设置在聚苯乙烯丘状结构中。

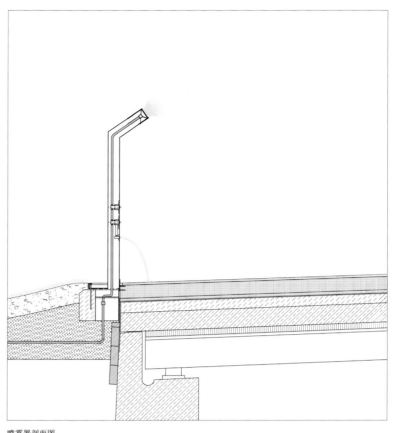

喷雾器剖面图

使用者

预防和保证举措

防滑金属盘

固定在人工草坪表面上的砌筑结构可以避免人们跌倒，其被设计为准备跳跃的跑道区。

表面

提高材料耐久性

柏油路、草地、人工草坪、橡胶格子、碎石和沙地

每一处空间的表面均为一种特定的活动而设计，并配备有相应的设施。这样的设计缓冲了不同空间对周边环境的影响。

结构和设施

定制

娱乐休闲元素

聚苯乙烯结构被用在了停留等候区中。一系列平行钢管支撑着攀登用的绳索和滑梯。

栖息地

处理植被

种植箱中的松树

任何类型的植被都不易在混凝土表面成活。地块北侧的箱体结构确保了多棵高大的松树可以出现在这个空间中。

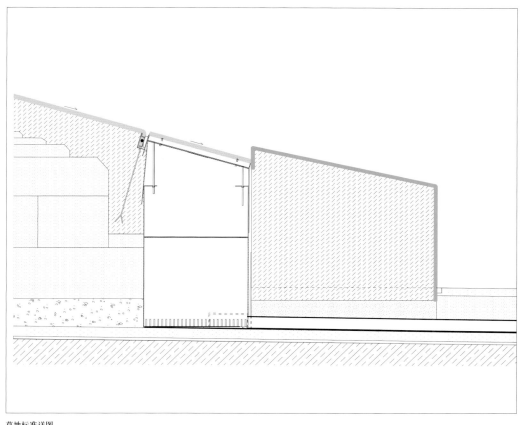

草地标准详图

编者按

新建设施横穿城市的南半部分，周边的公共空间也进行了重新设计。设计方案参考了城市中心区和郊区部分，人行道、自行车道、汽车和公共交通部分都被整合到了一起。

沿道路设置的电车站可使设施免受当地阳光强烈、多风气候的影响，并将所有设施（如照明灯、交通信号灯、街道照明设施、通讯设施等）融入建筑结构之中，新建的展台也可免受视觉、噪声的影响。

地块面积：	180 500 m²
项目造价：	1700元 / m²
项目地点：	西班牙，萨拉格萨
项目时间：	2011年
项目设计：	ALDAYJOVER

地域		地点		对象		

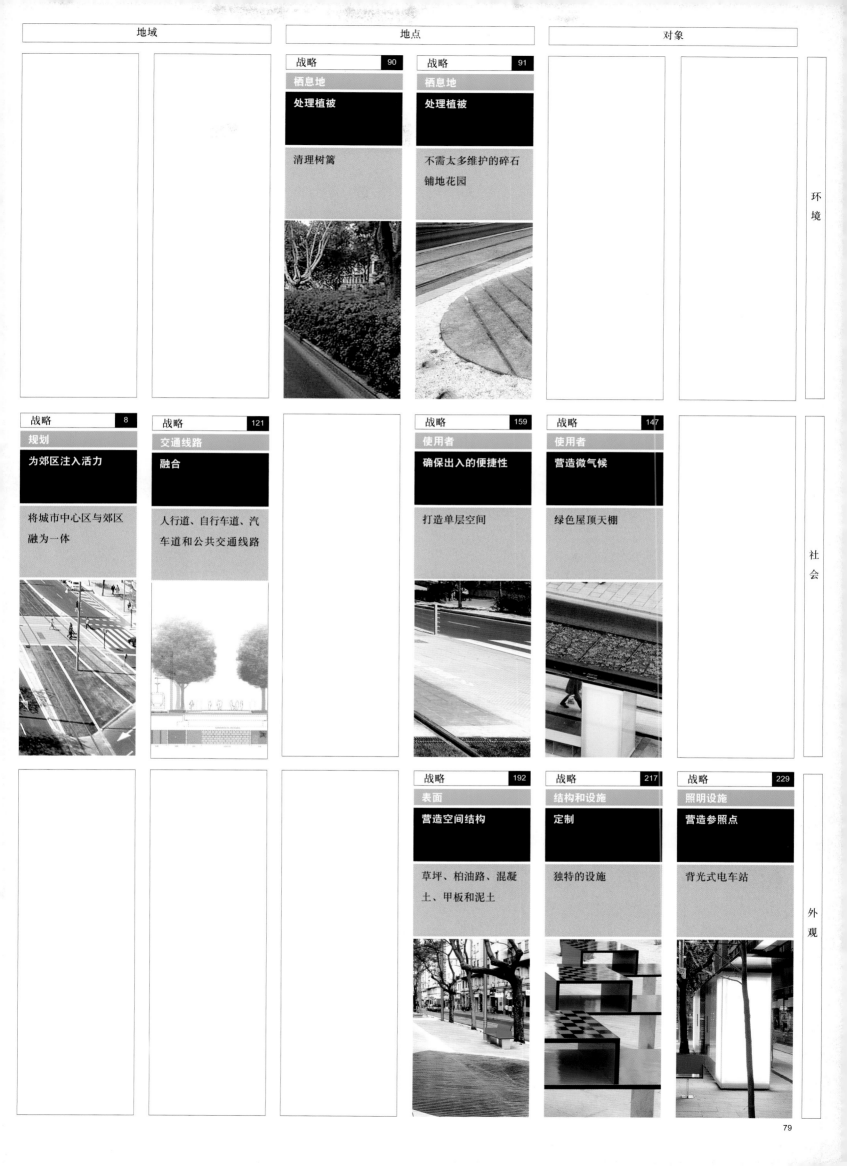

地域

地点

战略 90

栖息地

处理植被

清理树篱

战略 91

栖息地

处理植被

不需太多维护的碎石铺地花园

对象

环境

战略 8

规划

为郊区注入活力

将城市中心区与郊区融为一体

战略 121

交通线路

融合

人行道、自行车道、汽车道和公共交通线路

战略 159

使用者

确保出入的便捷性

打造单层空间

战略 147

使用者

营造微气候

绿色屋顶天棚

社会

战略 192

表面

营造空间结构

草坪、柏油路、混凝土、甲板和泥土

战略 217

结构和设施

定制

独特的设施

战略 229

照明设施

营造参照点

背光式电车站

外观

为郊区注入活力

将城市中心区与郊区融为一体

　　整座城市中紧凑的铺地系统和城市元素不仅使城市空间管理更为高效，而且不必将各个街区分隔开来。

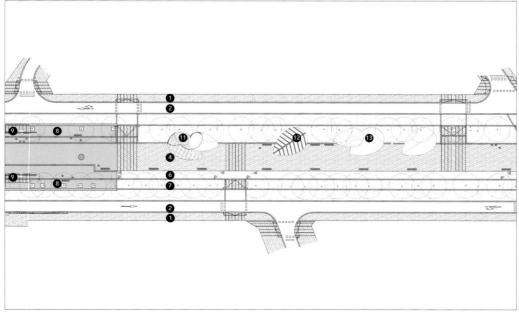

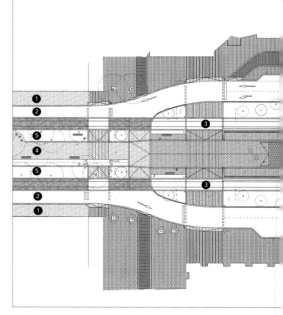

总平面图

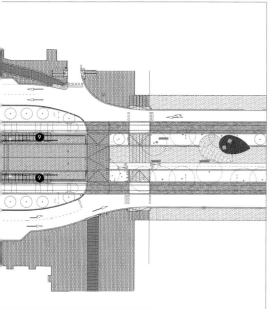

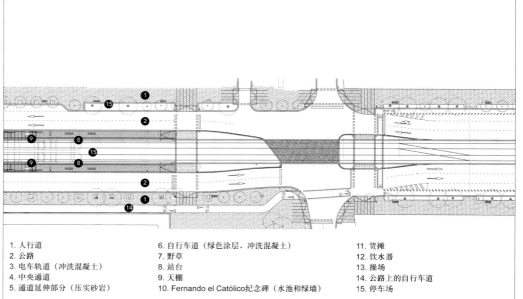

1. 人行道
2. 公路
3. 电车轨道（冲洗混凝土）
4. 中央通道
5. 通道延伸部分（压实砂岩）

6. 自行车道（绿色涂层、冲洗混凝土）
7. 野草
8. 站台
9. 天棚
10. Fernando el Católico纪念碑（水池和绿墙）

11. 货摊
12. 饮水器
13. 操场
14. 公路上的自行车道
15. 停车场

草坪、柏油路、混凝土、甲板和泥土

　　将交通线路（铺地、公路）分隔开来的纵向地带上设置了很多木质平台、土丘和游玩区，使用循环利用的橡胶打造出了曲线形状。

1. 人行道　　5. 电车轨道
2. 出租车站　　6. 站台
3. 道路　　　　7. 中央通道
4. 野生草地

栖息地

处理植被

不需太多维护的碎石铺地花园

在干旱的萨拉格萨气候条件下，这种设计很好地补充了铁轨下草皮的设计。

使用者

确保出入的便捷性

打造单层空间

为了保证人行道的连续性，所有的交通线路都设置在同一层面上，不设置路缘石或者改变空间高度。

交通线路

融合

人行道、自行车道、汽车道和公共交通线路

所有的交通路线均融入沿电车轨道设置的公共空间中，也将广场和其他关键空间融入其中。之前，这些空间均被交通路线所切断。

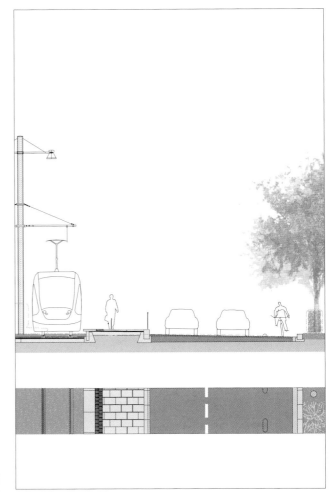

战略	217	战略	90	战略	147	战略	229
结构和设施		栖息地		使用者		照明设施	
定制		处理植被		营造微气候		营造参照点	

独特的设施

这些设施使用板材和镀锌钢支架组合固定而成，饰以绿色涂层。

清理树篱

人行道和汽车道之间原先设有树篱，通过将树篱移除掉，降低了维护费用，清除了空间中的视觉障碍，同时提升了人们的安全感。

绿色屋顶天棚

电车站拥有绿色的屋顶，可以最大限度地减少径流。这种设计是为了适应萨拉格萨严酷的气候，不仅在电车站营造出了阴凉区，还可使站内空间免受风的侵袭。

背光式电车站

新建的电车站赋予这处设施以独特的个性，其还使电车轨道的夜景呈现出特别的韵律。

编者按

　　该项目替代了一座新建成的广场，这座广场实在没有什么可取之处。现如今，遮阳伞所遮蔽的空间可开展各种休闲活动，也是一处一周举办两次市场的所在地。此外，该地点还充当着邻近地块上新建医院的接待室的角色。遮蔽物使用轻型金属元素进行处理，其直径和高度各不相同，使得光线可以反射到下面的白色空间中。至于平面设计，空间表面使用相同风格的彩色鹅卵石进行铺砌，而可能举办活动的区域则使用喷涂方法进行处理，以使其变得醒目。

地块面积：	19 920 m²
项目造价：	2240元 / m²
项目地点：	西班牙，科尔多瓦
项目时间：	2010年
项目设计：	PAREDES.PINO ARQUITECTOS

战略	80
栖息地	
处理雨水	

综合排水设施

战略	1
规划	
激活城市中心区	

广场和遮阳伞

战略	148
使用者	
营造微气候	

遮阳伞

战略	186
表面	
提高材料耐久性	

陶瓷圆石

战略	208
结构和设施	
系统化	

预制金属盘

战略	48
背景	
重建一个主题	

科尔多瓦清真寺

战略	30
理念	
生成矩阵	

五种不同型号的遮阳伞

战略	42
理念	
随意性	

免受阳光直射的连续表面

战略	234
照明设施	
营造景观环境	

白色的反射式表面

战略	193
表面	
营造空间结构	

喷涂和镶嵌材料

环境

社会

外观

激活城市中心区

广场和遮阳伞

原来的广场是一处空荡荡的空间，几乎没有任何遮阳设施，空间布局也使得在其中开展任何活动都没有太大的吸引力。经过改造，该广场拥有了各种不同大小的阳伞，充当着一周举行两次集市的遮蔽物。这处空间还可用作新建医院的接待室。当不是集市时，这里还可开展名目繁多的各种活动。

重建一个主题

科尔多瓦清真寺

重复式柱廊和同种类型、不同高度的重复元素的使用，在开放式公共活动中心和科尔多瓦清真寺大教堂之间营造出了一种微妙的联系，同时又展现出了对周边环境的无穷敬意。

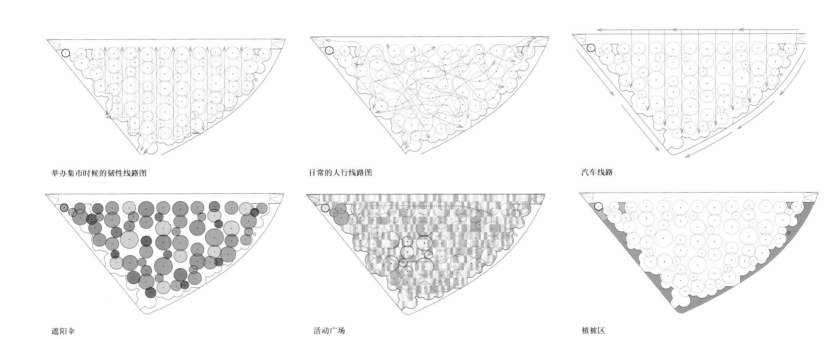

举办集市时候的韧性线路图

日常的人行线路图

汽车线路

遮阳伞

活动广场

植被区

使用者

营造微气候

遮阳伞

遮阳伞的主要功能是打造一处合理的空间，使得各种不同活动在开展时，可以拥有遮蔽空间，以免遭受科尔多瓦烈日的暴晒。

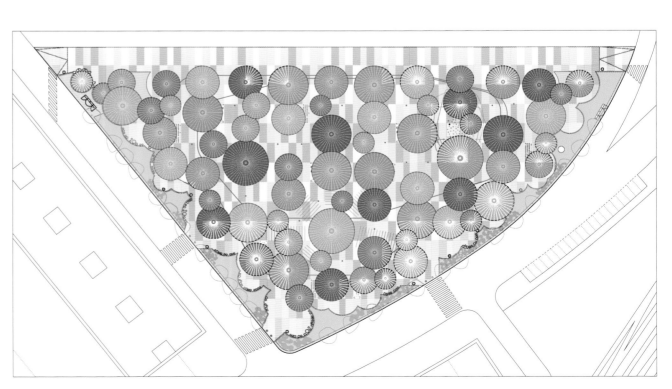

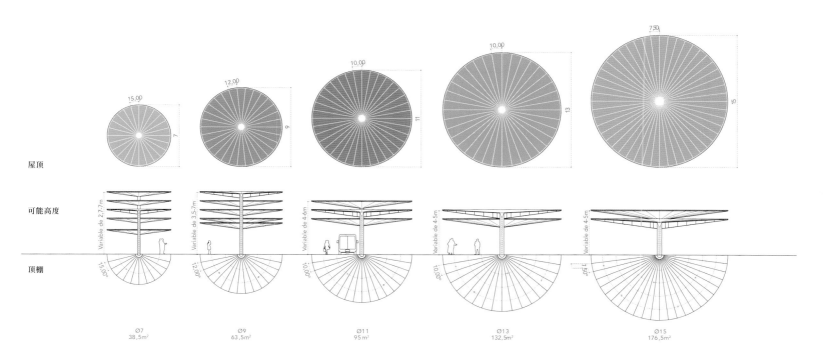

屋顶					
可能高度					
顶棚	Ø7 38,5m²	Ø9 63,5m²	Ø11 95 m³	Ø13 132,5m²	Ø15 176,5m²

理念

生成矩阵

五种不同型号的遮阳伞

　　整个空间中遍布着不同高度的结构轴和大小不一的金属盘状结构。

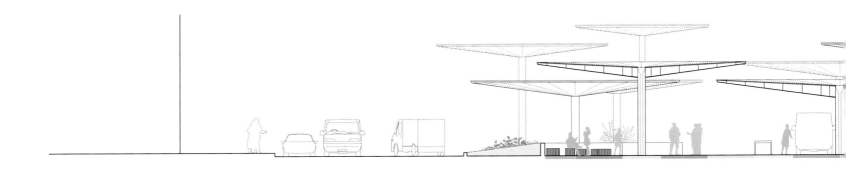

概念

随意性

免受阳光直射的连续表面

遮阳伞下面的空间就像是一块巨大的平板结构，可举行游戏，或者开展其他活动。一些应用人们已经耳熟能详，还有一些应用尚待开发。

D1

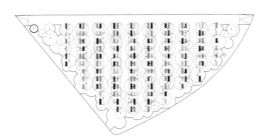

集市配置168个摊位、168个停车位

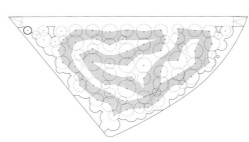

围绕着舞台开展的活动

时装秀和表演

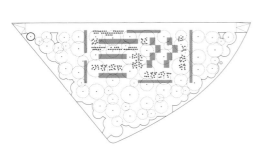

美食节

跑道（自行车、摩托车）

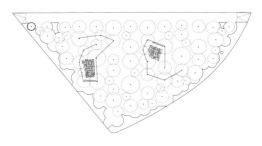

露天电影院

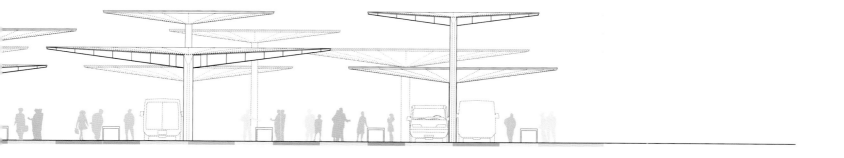

表面

营造空间结构

喷涂和镶嵌材料

　　设计师在铺地上使用高强度油漆来设置路面标示，或者在特定地点使用彩色混凝土来设置镶嵌物，以区分活动区和比赛区。

表面

提高材料耐久性

陶瓷圆石

　　户外空间中的铺地使用同一类型的凸出式陶瓷圆石进行处理，这些圆石拥有不同的色彩。

综合排水设施

设置在轴状结构内的综合式排水沟可将雨水收集起来，并导流至遮阳伞下方的基座中。

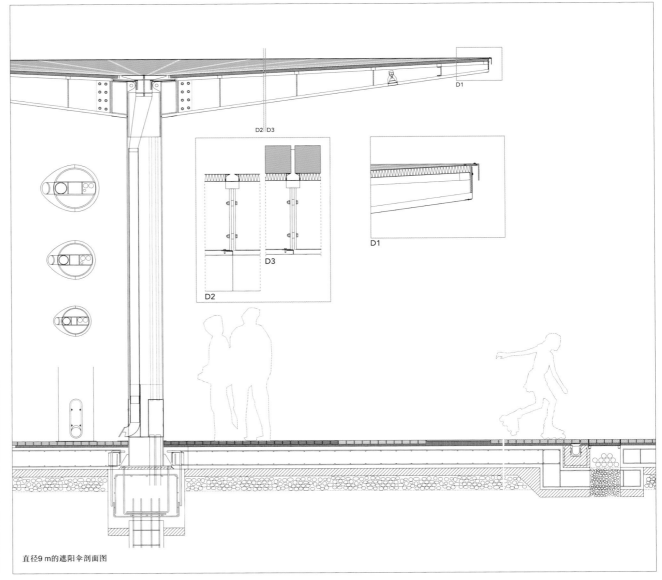

直径9 m的遮阳伞剖面图

预制金属盘

遮蔽物为轻型金属材质，均为现场安装，并提升固定在货摊上，其直径从7 m到15 m不等。相应的，整个遮阳伞的高度也从4 m到7 m不等。该设施使用极少的元素就实现了极大的可变性和灵活性。

照明设施

营造景观环境

白色的反射式表面

　　遮阳伞的较低部分由白色的喷漆镀锌钢板打造而成，这使整个设施浑然一体。反射式表面主要有两大功能：其一是使白色的表面变得多姿多彩，主要是表现在遮阳伞的重叠部分，或者反射遮阳伞下方开展的各种活动；除此之外，当夜幕降临时，每个遮阳伞内安装的照明设施将光线照射到地面上，又反射出去，通过这样的方式，让人倍感惬意的空间照明就打造成功了，在黑暗的夜空下，这样的人工照明尤显别致。

马德里Rio

编者按

　　该项目属于我们从一开始就在探索研究的项目类型。我们并不详细陈述高速公路隧道所涉及的那些不可思议的数据信息，而是将重点放在隧道上方新建公园的面貌改观上。该项目除了改变破败不堪的河岸地区的视觉效果之外，还消除了背景噪声和空间污染，使河岸街区与城市中心区变得更加贴近，而且这也进一步改变了城市与该地区之间的空间关系。该项目强化了自北向南横穿都市区的自

地块面积：	1 288 900 m²
项目造价：	2250元 / m²
项目地点：	西班牙，马德里
项目时间：	2011年
项目设计：	BURGOS & GARRIDO, PORRAS LA CASTA, RUBIO & ÁLVAREZ-SALA, WEST8

01

编者按

　　该项目属于我们从一开始就在探索研究的项目类型。我们并不详细陈述高速公路隧道所涉及的那些不可思议的数据信息，而是将重点放在隧道上方新建公园的面貌改观上。该项目除了改变破败不堪的河岸地区的视觉效果之外，还消除了背景噪声和空间污染，使河岸街区与城市中心区变得更加贴近，而且这也进一步改变了城市与该地区之间的空间关系。该项目强化了自北向南横穿都市区的自

01   02   03   04

然空间的网络结构。直径和高度各不相同，使得光线可以反射到下面的白色空间中。至于平面设计，空间表面使用相同风格的彩色鹅卵石进行铺砌，而可能举办活动的区域则使用喷涂方法进行处理，以使其变得醒目。

战略 73	战略 107	战略 74	战略 109	战略 94	战略 101
栖息地	栖息地	栖息地	栖息地	栖息地	栖息地
重建生态系统	**消除噪声污染**	**重建生态系统**	**土方工程**	**处理植被**	**空间维护**
改造河床	绿色地带	减少二氧化碳的排放	最少的土方工程	低消耗的丛林	草地和河畔林地的局限性

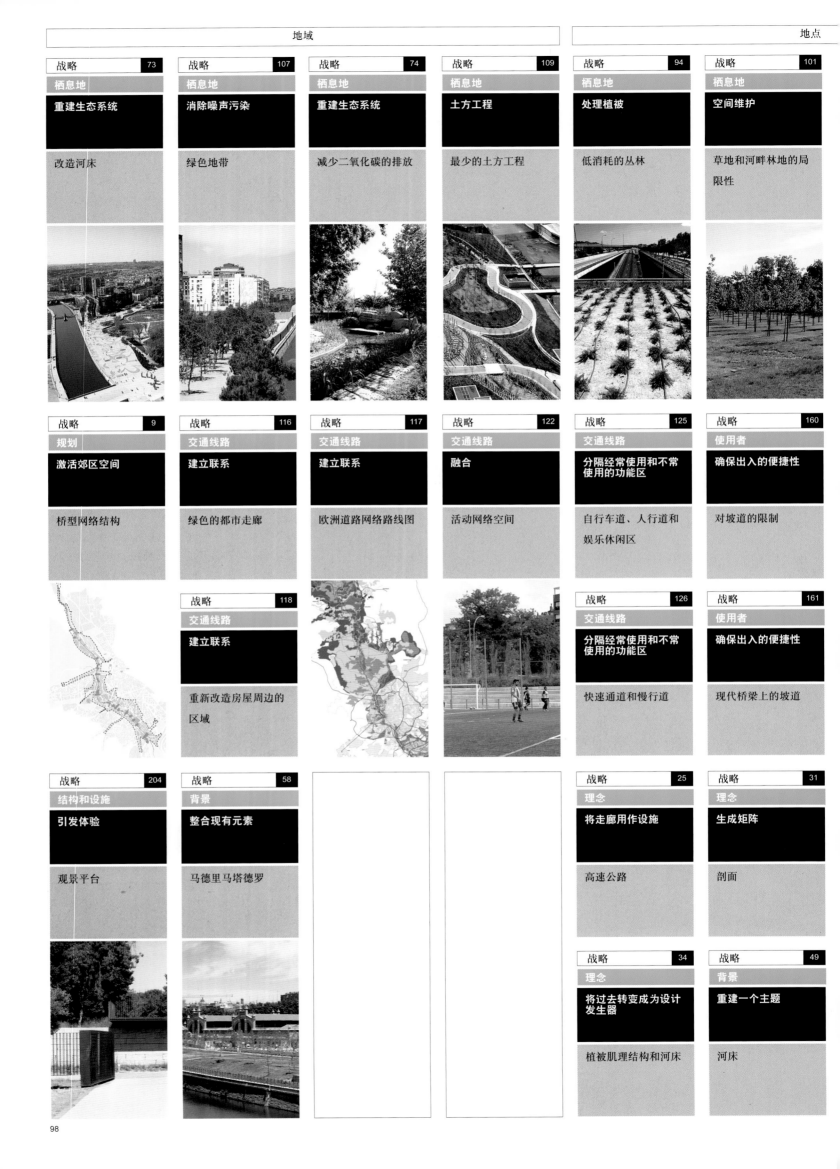

战略 9	战略 116	战略 117	战略 122	战略 125	战略 160
规划	交通线路	交通线路	交通线路	交通线路	使用者
激活郊区空间	**建立联系**	**建立联系**	**融合**	**分隔经常使用和不常使用的功能区**	**确保出入的便捷性**
桥型网络结构	绿色的都市走廊	欧洲道路网络路线图	活动网络空间	自行车道、人行道和娱乐休闲区	对坡道的限制

战略 118	战略 126	战略 161
交通线路	交通线路	使用者
建立联系	**分隔经常使用和不常使用的功能区**	**确保出入的便捷性**
重新改造房屋周边的区域	快速通道和慢行道	现代桥梁上的坡道

战略 204	战略 58	战略 25	战略 31
结构和设施	背景	理念	理念
引发体验	**整合现有元素**	**将走廊用作设施**	**生成矩阵**
观景平台	马德里马塔德罗	高速公路	剖面

战略 34	战略 49
理念	背景
将过去转变成为设计发生器	**重建一个主题**
植被肌理结构和河床	河床

战略 93	战略 102	战略 236			环
栖息地	栖息地	照明设施			境
处理植被	空间维护	避免光污染			
根部固定系统和通风管	草坪区边缘的金属板	在扶手内的荧光照明设施			

战略 141	战略 154	战略 133	战略 209		社
使用者	使用者	使用者	结构和设施		会
预防和保证举措	劝阻	参与性	系统化		
黄砖铺砌的道路	防护花岗岩	街区画像	集中照明		

战略 176	战略 155		战略 222
表面	使用者		结构和设施
优化材料应用	劝阻		重新应用
花岗岩	视频监控		对高架桥的重新利用

战略 50	战略 51	战略 59	战略 60	战略 194	战略 230	外
背景	背景	背景	背景	表面	照明设施	观
重建一个主题	重建一个主题	整合现有元素	整合现有元素	营造空间结构	营造参照点	
樱树	巴洛克花园	改造历史悠久的桥梁	改造历史悠久的大坝	玄武岩和花岗岩圆石	结构下的照明设施	

战略 52	战略 43		战略 205		战略 226
背景	理念		结构和设施		结构和设施
重建一个主题	随意性		引发体验		伪装
铁路桥	可举办各种活动的大型休憩场		城市海滩		儿童游乐场

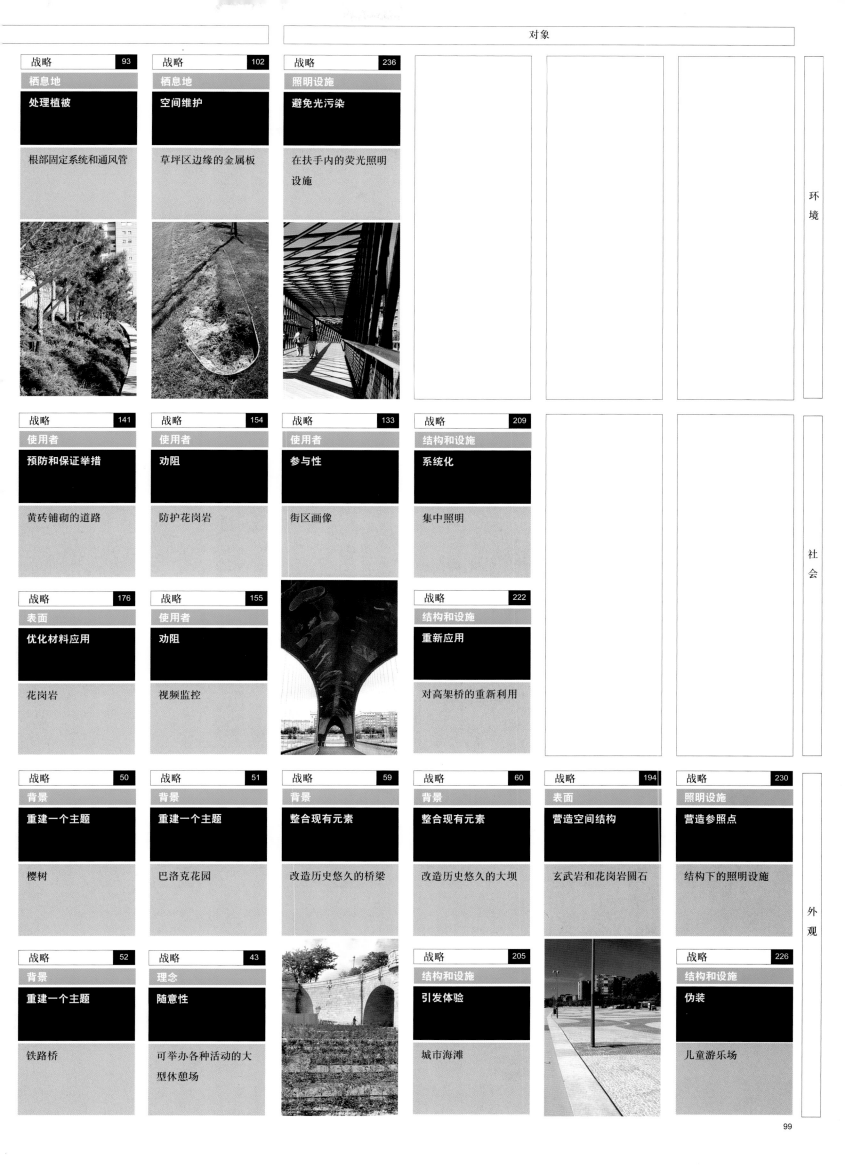

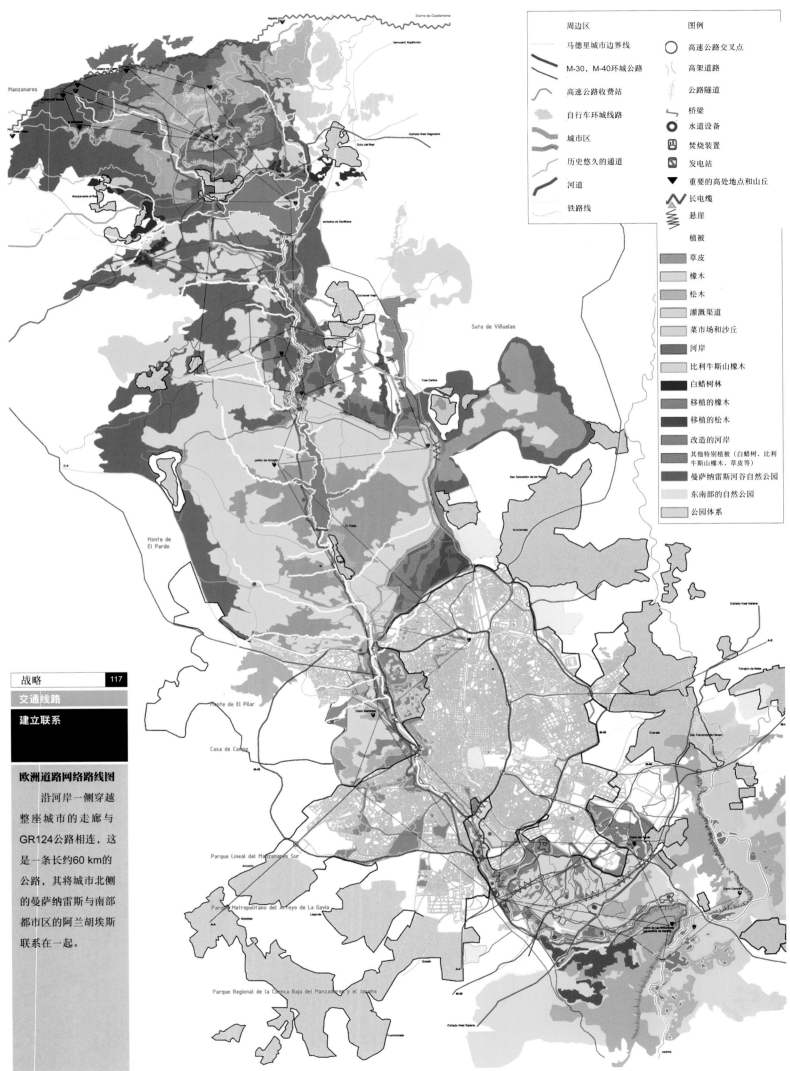

交通线路

建立联系

欧洲道路网络路线图

　　沿河岸一侧穿越整座城市的走廊与GR124公路相连，这是一条长约60 km的公路，其将城市北侧的曼萨纳雷斯与南部都市区的阿兰胡埃斯联系在一起。

周边区

马德里城市边界线

M-30，M-40环城公路

高速公路收费站

自行车环城线路

城市区

历史悠久的通道

河道

铁路线

图例

〇　高速公路交叉点

　　高架道路

　　公路隧道

　　桥梁

〇　水道设备

囗　焚烧装置

　　发电站

▼　重要的高处地点和山丘

　　长电缆

　　悬崖

植被

草皮

橡木

松木

灌溉渠道

菜市场和沙丘

河岸

比利牛斯山橡木

白蜡树林

移植的橡木

移植的松木

改造的河岸

其他特别植被（白蜡树、比利牛斯山橡木、草皮等）

曼萨纳雷斯河谷自然公园

东南部的自然公园

公园体系

交通线路

建立联系

绿色的都市走廊

　　该项目将城市中几处彼此分离的空间联系在一起：河畔有防护的区域、城市内部的绿色区域以及东南部的区域公园。

| 战略 | 74 |

栖息地

重建生态系统

减少二氧化碳的排放

　　通过打造高速公路隧道、栽种34 000棵树木，每年可减少35 000吨二氧化碳的排放。

01

02

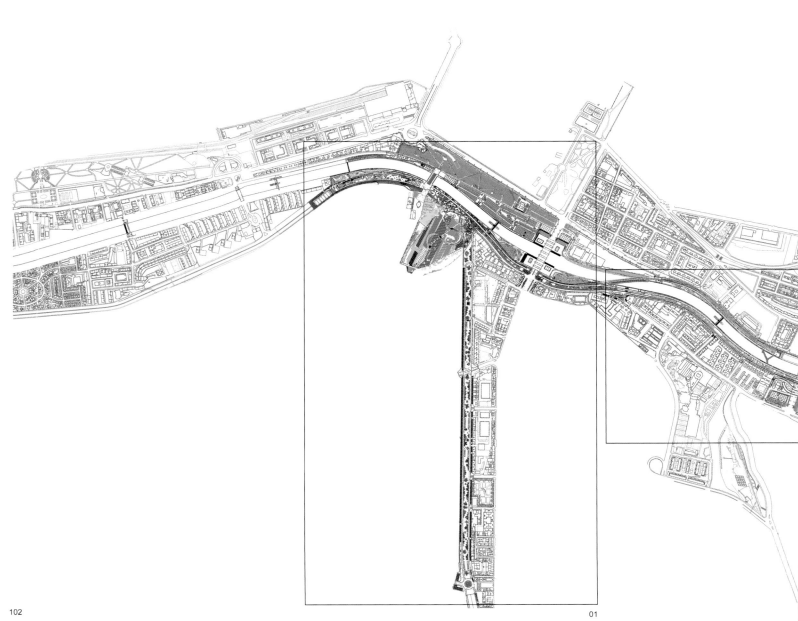

01

03

04

栖息地

重建生态系统

改造河床

　　该项目对河岸区和整条河道都进行了改造，以真正实现景观环境与人类活动的相互融合。水质的改善直接促成了垂钓休闲活动的开展，并使得鸟儿们可以来此栖息。

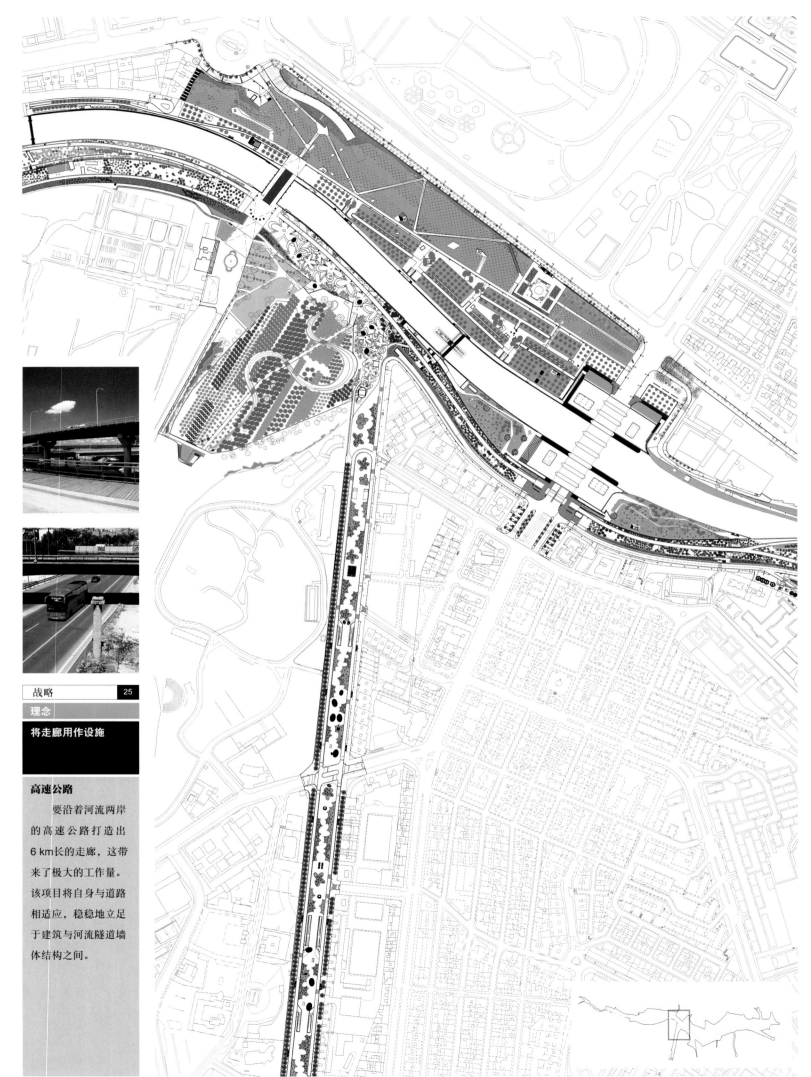

理念

将走廊用作设施

高速公路

　　要沿着河流两岸的高速公路打造出6 km长的走廊，这带来了极大的工作量。该项目将自身与道路相适应，稳稳地立足于建筑与河流隧道墙体结构之间。

栖息地

空间维护

草地和河畔林地的局限性

　　杨树对水的需求量是松树的两倍，草皮区被设置在离河床和装饰性水域最近的地方。

理念

随意性

可举办各种活动的大型休憩场

　　该场地将各种不同类型的场景汇聚于一处。这是一处以历史悠久的城市作为大背景，可举办各种不同类型庆典活动的平台。

观景平台

　　该项目以高处的观景平台作为完结点，从这里，人们可以看到马德里这座古老城市的轮廓。这处观景平台还在皇宫、卡萨德坎波公园和周边街区之间建立起了直接关联。铺砌式散步道充当着通往公园的前庭。

背景

重建一个主题

樱树

　　葡萄牙大道延长部分的设计灵感源自于绽放的樱花，该空间将散步区、草坪区和座椅很好地组织在一起。这里栽种有四种樱树，花期为春季的一个月时间。

理念

将过去转变成为设计发生器

植被肌理结构和河床

　　Huerta de la Partida 是对菜园的一个重新解读，该菜园与干旱的河床相接。

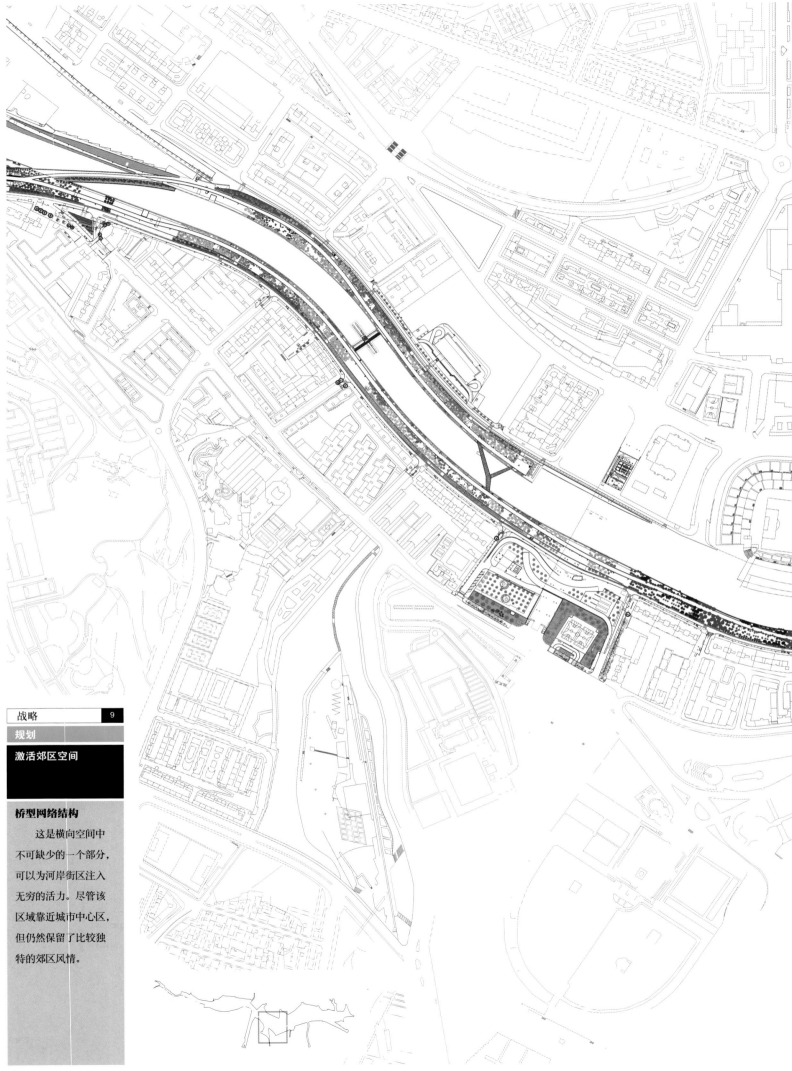

激活郊区空间

桥型网络结构

    这是横向空间中不可缺少的一个部分，可以为河岸街区注入无穷的活力。尽管该区域靠近城市中心区，但仍然保留了比较独特的郊区风情。

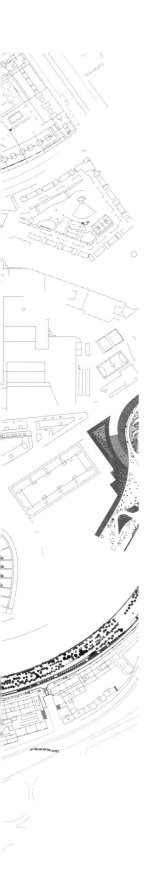

栖息地

消除噪声污染

绿色地带

    该隧道拥有一些地下服务设施，而在隧道顶部，该项目打造出了一个绿色的屋顶。

    没有了熙来攘往的汽车，邻近住宅区所遭受的噪声污染也相应减少了很多。

理念

生成矩阵

剖面

松树园景观带分成了几个部分：含沿住宅设计的自行车道、人行通道和隧道顶部的两条植被带。连续式的花岗岩护墙体和铸铁板材凸显了毗邻水域的区域。在与河上桥梁相接的部分被改造成了一处户外生活区。

栖息地

处理植被

低消耗的丛林

隧道顶部，除了松树之外，还有很多草本植物和地被植物。这些植物需水很少，质量很轻，为松树的成长提供了较大余地。随着松树越长越大，由于其他植物较轻的质量，总的压力也不会增加太多。

结构和设施

伪装

儿童游乐场

项目总共有17处游乐区，共使用了65种不同的元素。这些游乐区被周边高大的松树所环绕，打造出了小而紧密的木材空间氛围。其使用天然的耐久性木材打造而成，还使用了麻绳、橡胶、锁链、链环、车轮、抛物线体等元素。

栖息地

空间维护

草坪区边缘的金属板

钢板被嵌入土地之中，将草坪区分隔开来，钢板内的区域会进行定期的割草处理，而钢板外的区域却不会进行这样的操作。

栖息地

处理植被

根部固定系统和通风管

通过使用钢丝绳和可降解材料，松树被固定在隧道的板材上，可以提升稳固性，并促进根茎的水平方向生长。公园中树木的固定装置均使用了涂成红色的木桩，以为这些装置打造出统一的主题。土壤会因为人们的踩踏而变得结实，通风管可以使植物的根茎自由呼吸，避免其因为窒息或者浸水而死亡。

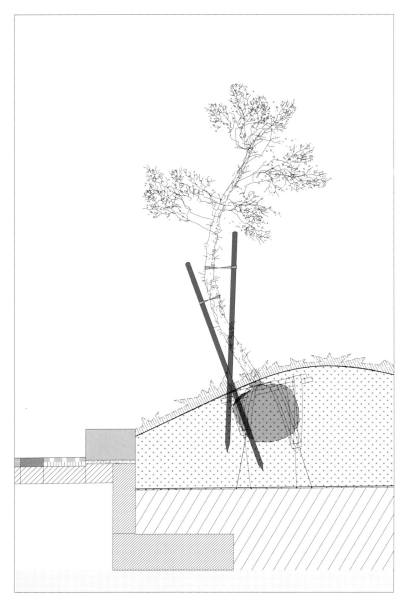

儿童游乐场

草坪区边缘的金属板

对高架桥的重新利用

　　之前供车辆使用的道路被打造成了一处人行桥，并与松树休息区融为一体。从总的宽度来看，这座人行桥被分成了几个部分：自行车道、花岗岩铺砌的人行道和栽种着草、松树的土丘区。

改造历史悠久的大坝

　　这处设施被改造成了人行道，主要是通过在原有结构上加建新的桥面板实现的，还恢复了公共空间应用。桥面板所使用的主要材料为木材，而新建的栏杆主要是应用了镀锌钢板。

使用者

确保出入的便捷性

现代桥梁上的坡道

　　空间装饰延续到了该项目的其他元素上，还加建了入口楼梯。通过使用固定在原有结构上的轻型悬臂结构，人行道被拓宽了1.5 m之多。

结构和设施

重新应用

对高架桥的重新利用

　　原有的高架桥充当着游玩区的平台和防护装置。该空间最醒目的设计在于混凝土表面的色彩。

背景

整合现有元素

改造历史悠久的桥梁

　　改造的五座桥梁使该区域恢复了其原来的样子。石砌空间结构得以重建，而拱桥、柱廊、台阶、支撑物、桥墩、铺地等也都得以改造。所有这些独特的元素使空间面貌得以改观。

最少的土方工程

　　清除的泥土在原来空间内部进行迁移，以设计公园的景观空间。设计师还给泥土加了些必要的添加剂，以用于栽种植物。迁移泥土的总量减少了75%。

快速通道和慢行道

　　铺砌的曲径和变换的坡道凸显了宽阔的柏油马路。前者是公园中的散步道，而后者供自行车和滑冰爱好者使用。

背景

重建一个主题

河床

　　阿尔甘苏埃拉公园是这样一种景观空间：河水渐渐退去，将远古的足迹留在上面。为了达到这个目的，不同的景观带相互穿插，就像河水曾经流过的河道那样。这样的空间设计打造出了拥有不同功能的空间区。

背景

重建一个主题

巴洛克花园

　　托莱多大桥周边树篱的设计灵感源自于波旁王朝时期巴洛克式的花园布局风格。靠近这些区域设置了很多看台，方便人们与河流近距离接触，并使人们可以欣赏到这座古老大桥的拱桥。

照明设施

营造参照点

结构下的照明设施

　　阿尔甘苏埃拉大桥下方的照明设施照亮了项目周边的网状结构。

交通线路

分隔经常使用和不常使用的功能区

自行车道、人行道和娱乐休闲区

　　自行车道和行人通道相互分隔开来，分处于不同的空间高度，这样的设计是为了打造出台阶式休息区。木质平台使不同空间实现了风格上的统一。

结构和设施

引发体验

城市海滩

    该项目是基于一项儿童空间获奖项目进行的改造。三处椭圆形的结构将不同的水景效果分隔开来，分别是水域、喷泉区和喷雾区。每个水域和每种水景效果均有其运作顺序，可依据一年中的不同时间，对每种水景效果的发生时间进行设定。

背景

整合现有元素

马德里马塔德罗

　　最新打造完成的这处设施占据了古老的马德里角斗场的一些建筑。作为一项大型设施，其融入了公园之中。入口区和建筑之间的自由空间均是公园设计的一部分。

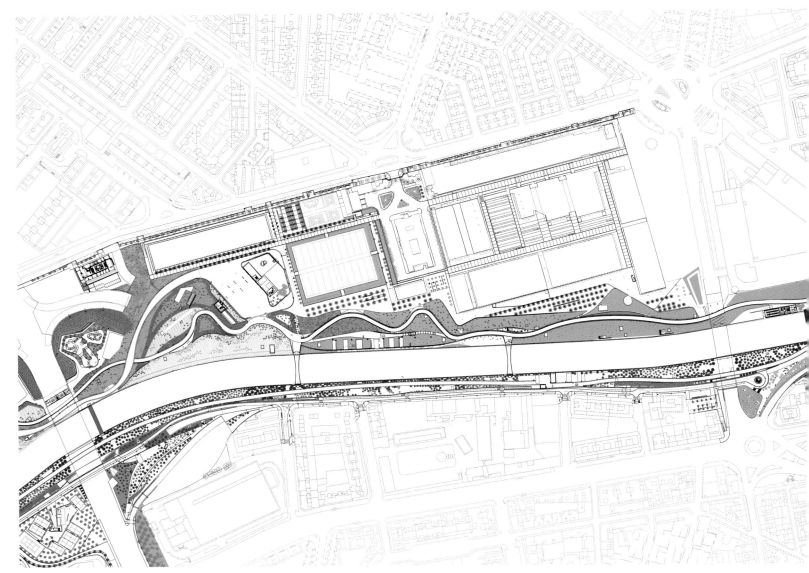

马德里马塔德罗

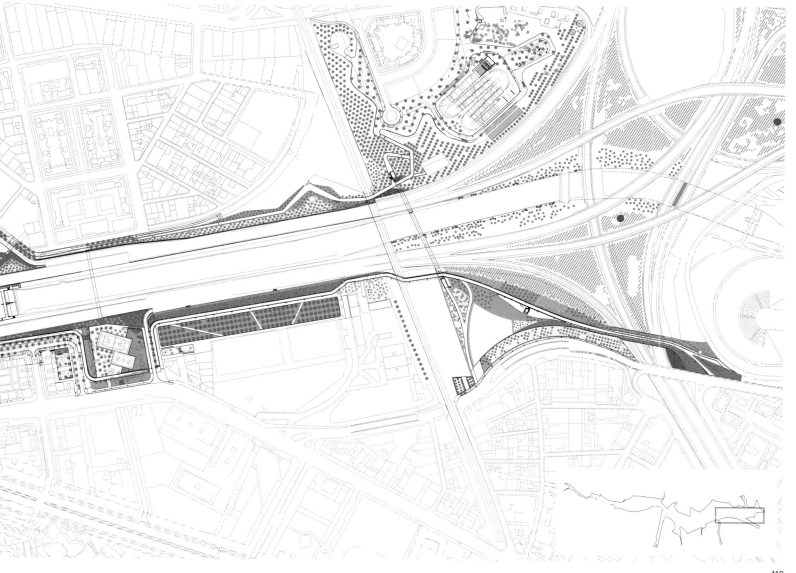

背景

重建一个主题

铁路桥

使用剖面钢材打造的梁架网格结构被应用到了人行道观景台的框架结构中。该结构在三个点上向外敞开：两扇可俯瞰河流的窗口以及一处悬伸的露台。通过将木板进行固定打造出观景台，而栏杆所使用的是拉紧式不锈钢丝网。

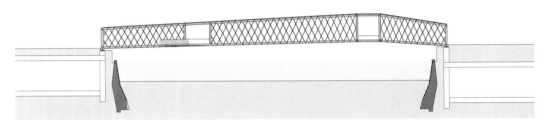

照明设施

避免光学污染

在扶手内的荧光照明设施

荧光灯安装在镀锌钢栏杆的下方，这就是人行桥的照明设施。

使用者

参与性

街区画像

　　50位当地居民的肖像画被绘制在两座新建人行桥的拱顶上。志愿者市民的图像是当他们挂着降落伞背带悬在空中时拍摄下来的。

121

使用者

预防和保证举措

黄砖铺砌的道路

　　一条黄色的铺路
横穿整座公园，赋予
了整个项目独特的风
格，可让使用者们知
道应该往哪个方向走。

战略　　　160

使用者

确保出入的便捷性

对坡道的限制

　　道路的最大坡度
在4%~6%之间，这
样可以避免残疾人坡
道与通道上稍高点的
地段相平行。

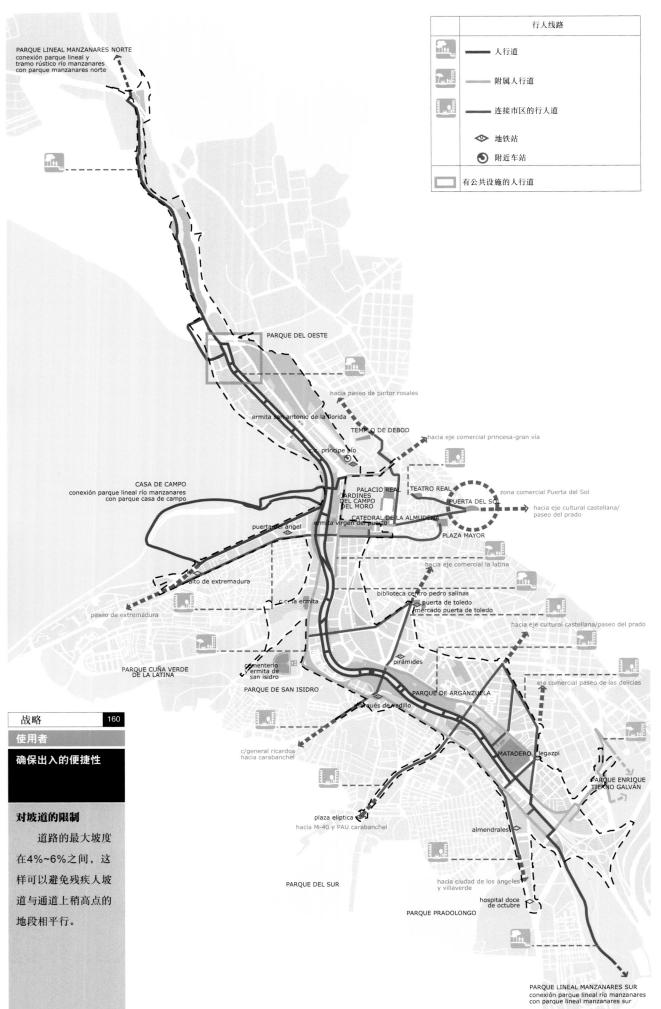

	行人线路
	——— 人行道
	——— 附属人行道
	——— 连接市区的行人道
	地铁站
	附近车站
	有公共设施的人行道

PARQUE LINEAL MANZANARES NORTE
conexión parque lineal y
tramo rústico río manzanares
con parque manzanares norte

PARQUE DEL OESTE

hacia paseo de pintor rosales

ermita san antonio de la florida

TEMPLO DE DEBOD

hacia eje comercial princesa-gran vía

príncipe pío

CASA DE CAMPO
conexión parque lineal río manzanares
con parque casa de campo

PALACIO REAL
JARDINES
DEL CAMPO
DEL MORO

TEATRO REAL

zona comercial Puerta del Sol

PUERTA DEL SOL

hacia eje cultural castellana/
paseo del prado

CATEDRAL DE LA ALMUDENA

ermita virgen del puerto

puerta del ángel

PLAZA MAYOR

hacia eje comercial la latina

alto de extremadura

c c/la ermita

biblioteca centro pedro salinas
puerta de toledo
mercado puerta de toledo

paseo de extremadura

hacia eje cultural castellana/paseo del prado

PARQUE CUÑA VERDE
DE LA LATINA

cementerio
y ermita de
san isidro

pirámides

eje comercial paseo de las delicias

PARQUE DE SAN ISIDRO

PARQUE DE ARGANZUELA

marqués de vadillo

c/general ricardos
hacia carabanchel

MATADERO legazpi

PARQUE ENRIQUE
TIERNO GALVÁN

plaza elíptica
hacia M-40 y PAU carabanchel

almendrales

PARQUE DEL SUR

hacia ciudad de los ángeles
y villaverde

hospital doce
de octubre

PARQUE PRADOLONGO

PARQUE LINEAL MANZANARES SUR
conexión parque lineal río manzanares
con parque lineal manzanares sur

战略　176	战略　194	战略　154
表面	表面	使用者
优化材料应用	营造空间结构	劝阻

花岗岩

该项目所使用的花岗岩均来自于距离马德里300 km的一处采石场。这些花岗岩进行了多种多样的切割及抛光处理，被用到了整座公园的铺地、设施和其他空间表面上。这种花岗岩本来就出现在了古老桥梁的结构之中，故而该项目就拥有了统一性，并会使人们联想到花岗岩的产地，也就是曼萨纳雷斯河的源头所在。

玄武岩和花岗岩圆石

同样的花色也被应用到了葡萄牙大道的铺地（玄武岩和石灰岩）设计中，只在一些地方被打断，这是为保证自行车和行人通道对空间的需求，这些通道始自于松树园。

防护花岗岩

座椅、防护墙和花岗岩表面富有光泽的表层作为防护，这消除了多孔性材料的负面影响，还可防止油漆、染料等在其表面留下斑点。

战略　118	战略　209	战略　155
交通线路	结构和设施	使用者
建立联系	系统化	劝阻

重新改造房屋周边的区域

入口处的状况得以改善，地面更加平坦，人行道和公路进行了铺砌处理，停车场和附近街道上的植被空间得以重新组织，这就使得停车场与周边街区之间的过渡更加流畅自然。铸铁柱状结构保护着不得有汽车通行的行人通道。

集中照明

一根灯柱就集中了人行桥所需的所有照明设施。这样，不仅确保了空间能够拥有所有必需的照明设施，还避免了过多设备对空间的占用。

视频监控

闭路电视摄像头位置比较醒目，安装得当，可以严密监测大坝周边地区人们的活动。

活动网络空间

　　这种设计将活动设施网络空间结构与服务、运动、景观、休闲区和几处城市公园都融入到了河流的影响范围之中。

活动网络空间

赫拉克勒斯商场

编者按

　　该空间位于塞维利亚的城市中心区，在一项改造过程中，设计师融入了街区居民和市政厅的要求。一条简单的铺路，所应用的是塞维利亚土壤的颜色，其将整个空间融为一体，而又未作出大的空间高度上的改变。整个设施伪装在大树之间，项目环境在改造过程中，不同地点不同对待，对原有空间进行了重新解读。

　　同时，在500 m远的地方，恩卡纳西翁广场也进行了改造。尽管其改造工作花费了设计团队很大气力，然而人们似乎全然忘记了广场表面空间以及仍旧从这里经过的人们对空间的需求。

地块面积：	37 707 m²
项目造价：	2600元 / m²
项目地点：	西班牙，塞维利亚
项目时间：	2009年
项目设计：	JOSÉ ANTONIO MARTÍNEZ LAPEÑA & ELÍAS TORRES

地域	地点	对象	

战略 `81`
栖息地
处理雨水
雨水罐

环境

战略 `123`
交通线路
可持续式交通
移除停车空间

战略 `134`
使用者
参与性
设计方案

战略 `177`
表面
优化材料应用
混凝土铺路石

战略 `149`
使用者
营造微气候
栽种耐寒植物，设置棚架和喷泉

战略 `142`
使用者
预防和保证举措
沟槽式铺路石

战略 `199`
结构和设施
提高材料耐久性
具有良好耐久性的护柱、座椅和凉亭

战略 `206`
结构和设施
引发体验
喷雾设施

社会

战略 `34`
理念
将过去转变成为设计发生器
沙地的色彩

外观

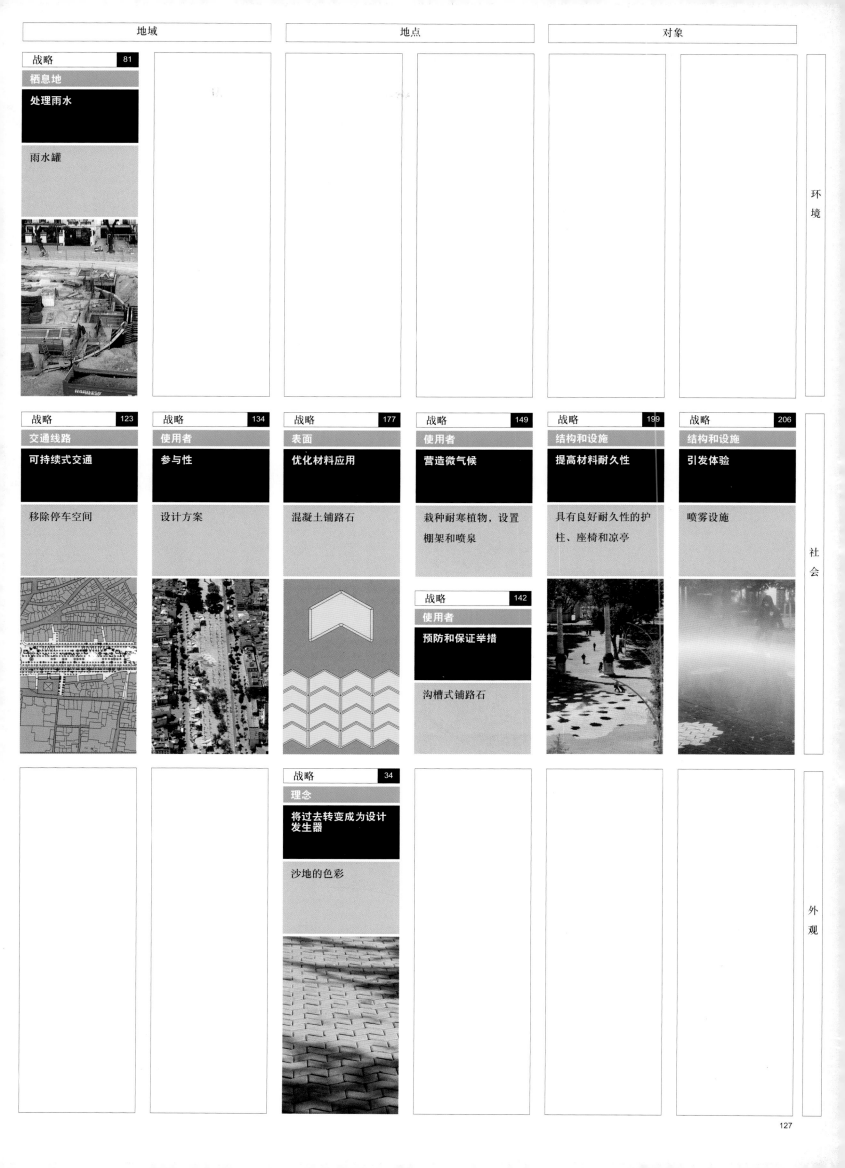

设计方案

　　该项目在设计实施和决策过程中，征求了市民的意见。周边街区的很多居民都参与到了项目开发和实施过程中。

移除停车空间

　　停车区被从空间表面移除，安装了自行车停放架。道路上设置了很多大型护柱，以防止人们停放汽车。这也是在古老的塞维利亚城市中心区，开展交通管控的一项有力举措。

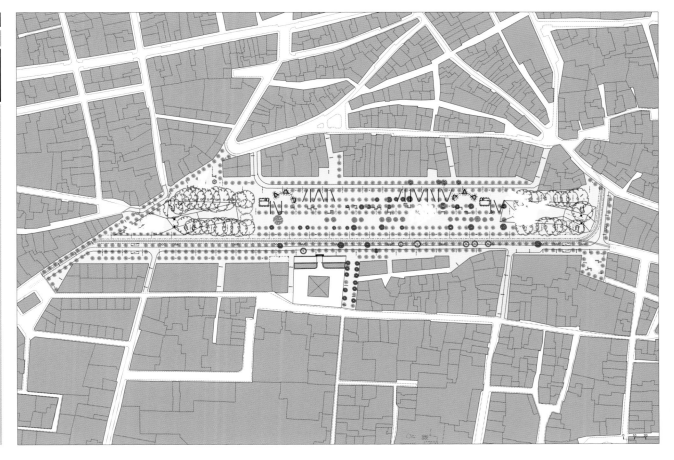

结构和设施

引发体验

喷雾设施

    这种设施不仅可使空气变得凉爽，还给人们带来了很多乐趣。

结构和设施

提高材料耐久性

具有良好耐久性的护柱、座椅和凉亭

    所有这些元素均使用混凝土打造而成，规格、型号等均进行了特别设计，以防止其被损坏。

理念

将过去转变成为设计发生器

沙地的色彩

广场上土地的色彩代表塞维利亚建筑结构的独有特色，但也没应用到所有的空间表面，就像一条线将所有空间设施串联成了一个整体。这也意味着城市设施与空间表面融为一体。

表面

优化材料应用

混凝土铺路石

整个空间表面区都使用一种双菱形的铺路石进行重新铺砌。这是一种可批量生产的双层、半干式混凝土元素。有时候，接口处需要使用泥土进行填实；而有些时候，铺路石严丝合缝、紧密相接。

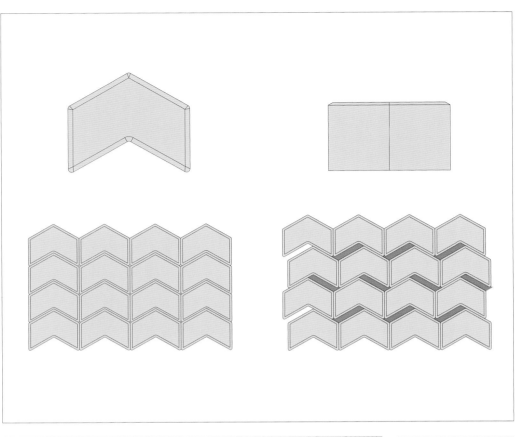

使用者

预防和保证举措

沟槽式铺路石

陶质的沟槽式防滑铺路石设置在喷泉设施所在区域，可以防止人们在湿滑的地面行走时不小心滑倒。

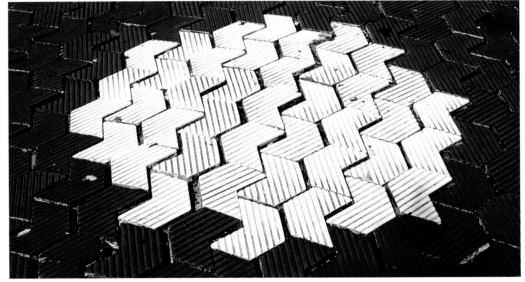

栖息地

处理雨水

雨水罐

挖掘的一处大坑曾是为了建造地下车站，然而从未开建过，后其被用作了雨水储藏罐。因为赫拉克勒斯商场位于城市中海拔最低的位置，所以地下储水罐可以防止排水系统满溢这种状况的发生，而且当市中心区发生洪水时可防止管道破裂。

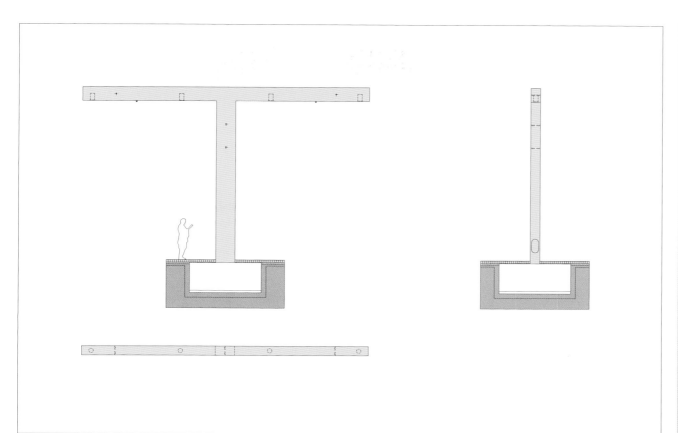

使用者

营造微气候

栽种耐寒植物，设置棚架和喷泉

　　这里新栽种350棵欧洲荨麻树和5棵悬铃木，这是因为这些树种比较能适应塞维利亚的气候特点，还可与原来的树木联合起来，打造出更多的阴凉空间。棚架保护着平台免受阳光暴晒，而喷泉也为这里营造了更多的清凉氛围。

编者按

　　剧院广场位于安特卫普城市中心区，这里过往行人并不太多，其也并未确立起比较鲜明的空间特色。尽管其地理位置比较富于战略意义，然而基于空间特色的缺失，人们在演出结束之后都会四散而去，并不会停留太长时间。该项目的主要理念是将各个让人拥有安全感的友好空间联系起来，进而使公众重新回到这个空间中。基于此原因，该地块被分成了四个特色鲜明的空间：南侧的花园、绿树成荫的人行道、服务大街以及有遮蔽的广场。该项目具有多样化的应用，可用作演出开始前的前厅，也是一周一次的集市举办地。

地块面积：	30 200 m²
项目造价：	2990元 / m²
项目地点：	比利时，安特卫普
项目时间：	2008年
项目设计：	STUDIO ASSOCIATO SECCHI-VIGANÒ

战略 82

栖息地

处理雨水

打造坡道和排水区

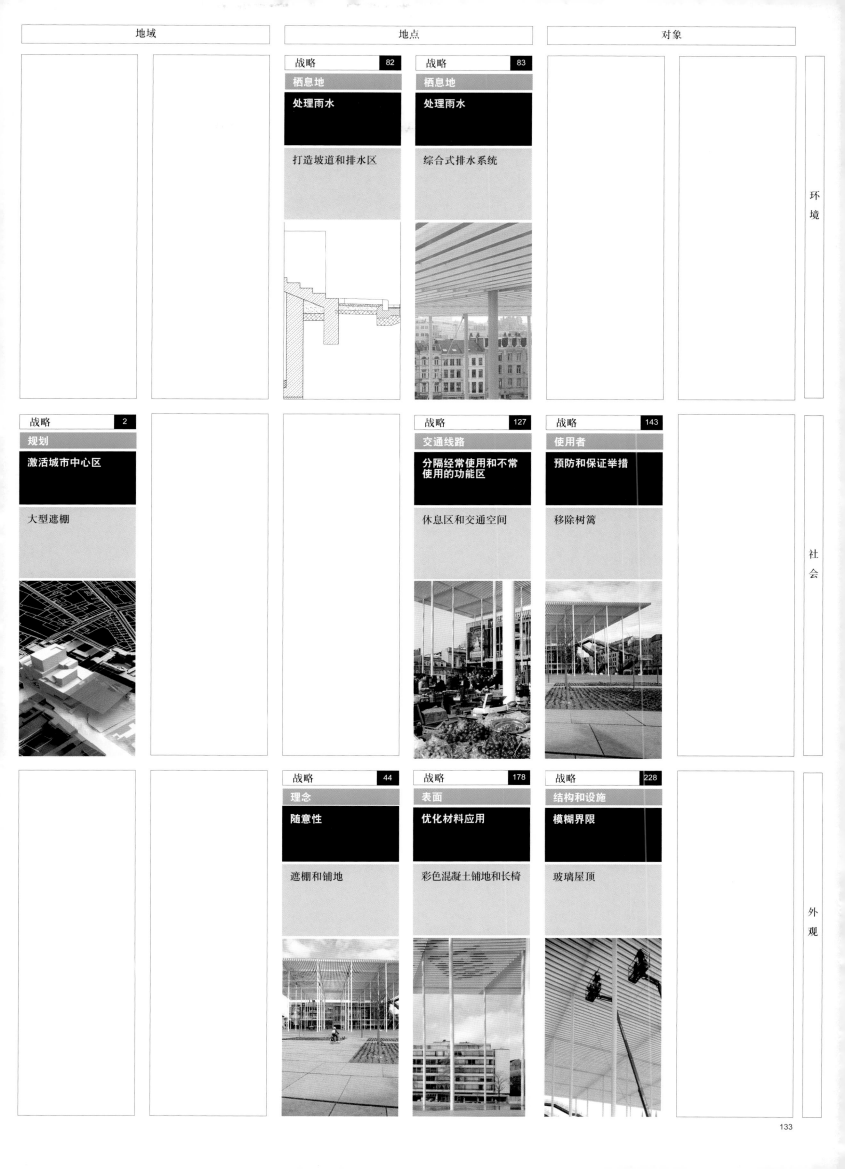

战略 83

栖息地

处理雨水

综合式排水系统

环境

战略 2

规划

激活城市中心区

大型遮棚

战略 127

交通线路

分隔经常使用和不常使用的功能区

休息区和交通空间

战略 143

使用者

预防和保证举措

移除树篱

社会

战略 44

理念

随意性

遮棚和铺地

战略 178

表面

优化材料应用

彩色混凝土铺地和长椅

战略 228

结构和设施

模糊界限

玻璃屋顶

外观

理念

随意性

遮棚和铺地

　　在剧院对面，大型的屋顶覆盖着一处风格统一的混凝土铺砌的地面，该空间具有丰富多彩的应用（集市、演出、游玩区等）。

规划

激活城市中心区

大型遮棚

　　新建的屋顶将该地块转变成了一处城市休憩广场，这里也可用作剧院的前厅。开阔的屋顶与悬臂式楼梯和前部花园相连接，使先前的闲置空间焕发出了无穷魅力。

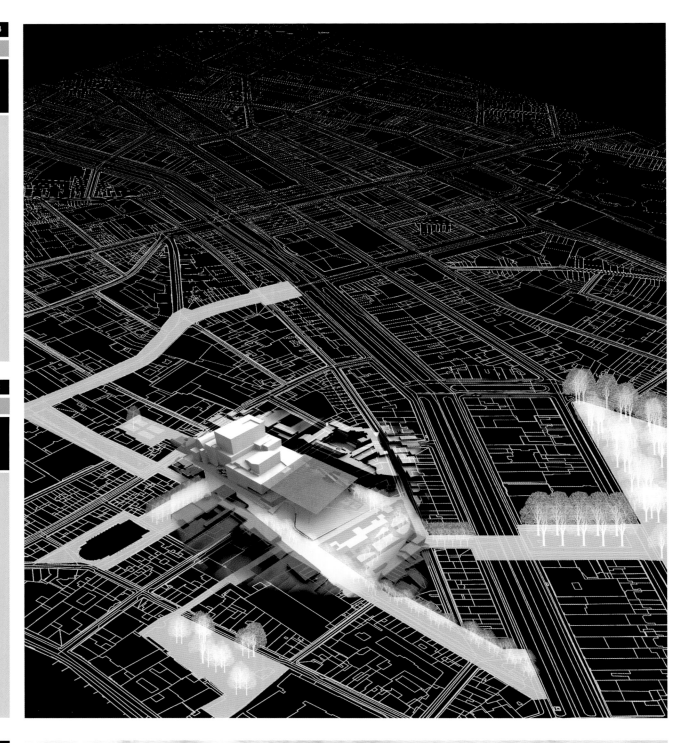

使用者

预防和保证举措

移除树篱

　　移除树篱和高大的植物之后，景观走廊就展现在人们眼前，人们站在这里就可欣赏演出。这样消除了隐藏区域，更加方便监控工作的开展。

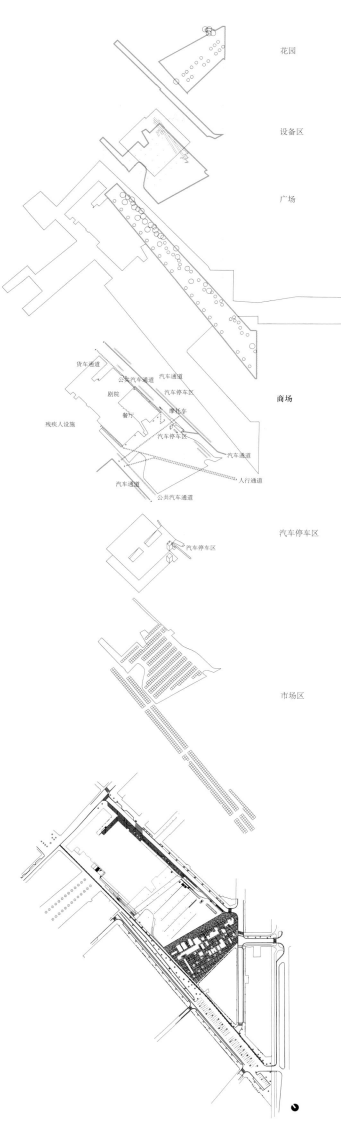

花园

设备区

广场

货车通道
公共汽车通道　汽车通道
剧院　　　　　汽车通道
　　　　　　　汽车停车区
餐厅　　　　　摩托车
残疾人设施　　汽车停车区
　　　　　　　汽车通道
　　　　　　　　　人行通道
汽车通道
公共汽车通道

商场

汽车停车区

汽车停车区

市场区

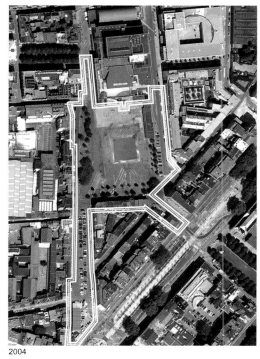
2004

2007

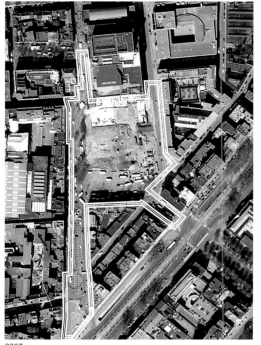
2009

交通线路

分隔经常使用和不常
使用的功能区

休息区和交通空间

　　花园营造了一处
安静的休息区。除此
之外，人行通道和自
行车道交叉区域更加
凸显，汽车和货车通
道也进行了特别设计。

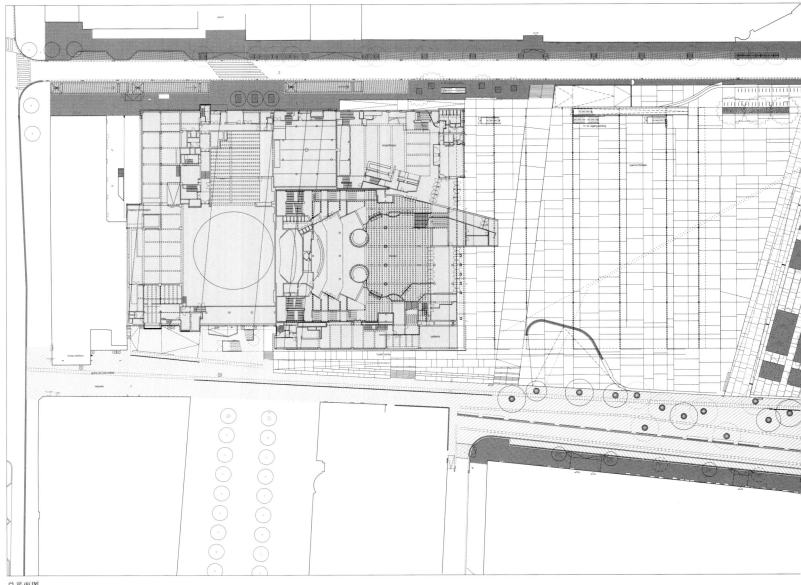

总平面图

表面

优化材料应用

彩色混凝土铺地和长椅

　　未进行接合处理的安装板材，被用作整个广场空间风格统一的铺地材料。其可供行人使用，或者临时用作货车装卸货物区。

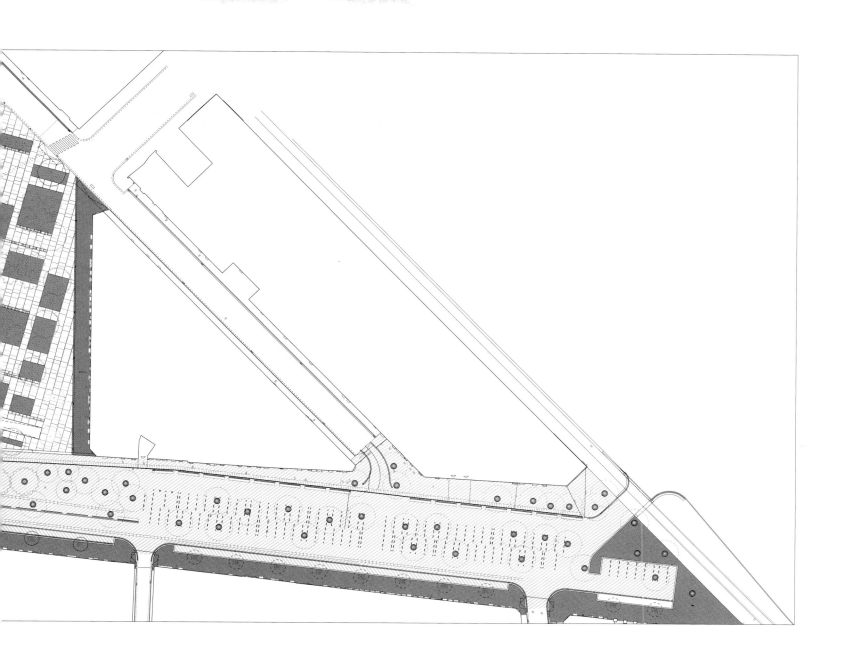

结构和设施

模糊界限

玻璃屋顶

　　玻璃结构使屋顶仿佛不存在一般，使自然光可以照射进广场内，同时使人们可以向上观赏天空的美景。

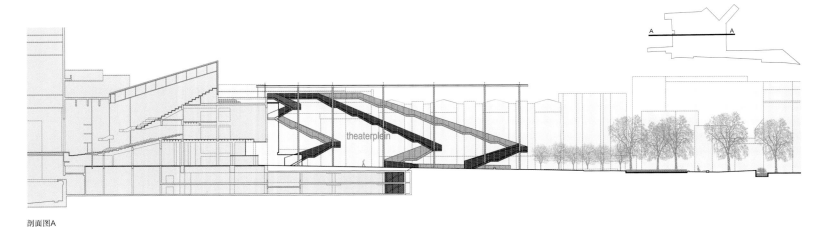

剖面图A

打造坡道和排水区

顶棚下方的区域是一处风格统一的区域，从剧院向下至花园有2%的坡度。径流被引导至植被区，渗透进土壤中。

综合式排水系统

屋顶的坡度设计可以避免水在顶棚边缘喷溅起来，并将径流引导至位于钢制柱状结构内的综合排水管道之中。

剖面图B

编者按

　　密尔沃基第三区之前是一处工业街区，现在，这里已经快速转变成为城市中最具活力的区域之一。原来的工业厂房被住宅、仓库和艺术画廊所占据。

　　新建的广场充当着两条通道之间的联系点，其中一条是始自商业区，沿密尔沃基河延伸的人行道，另外一条是沿密歇根湖湖岸延伸的绿色走廊。介于广场和公园之间的混合式空间方案，可以适应正在改造中的街区不断变换的需求以及气候方面的限制。该项目对湖畔区的自然栖息地进行了改造，并且满足了频繁上升的水位所提出的要求。

地块面积：	1208 m²
项目造价：	4100元 / m²
项目地点：	美国，密尔沃基
项目时间：	2010年
项目设计：	STOSSLU

地域		地点		对象		

战略 84
栖息地
处理雨水
人造地形

战略 106
栖息地
季节性
板桩墙上的垂直切口

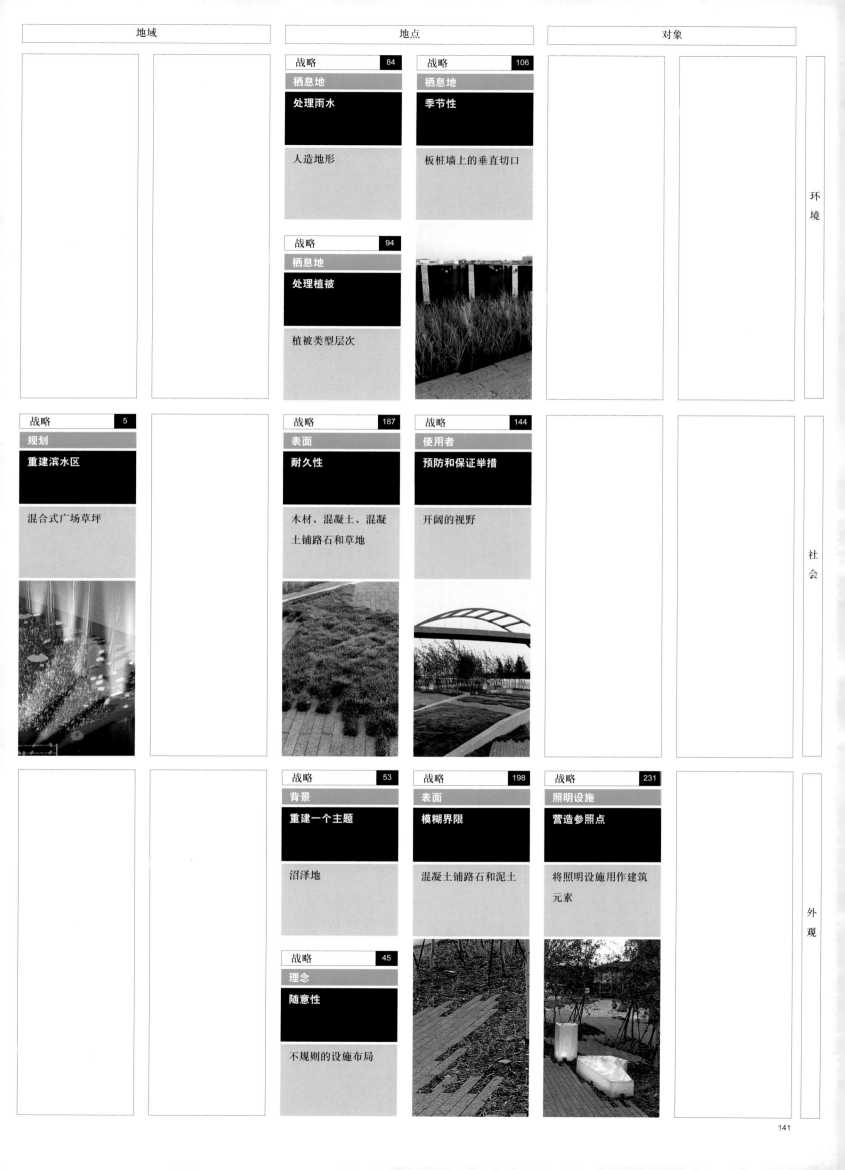

战略 94
栖息地
处理植被
植被类型层次

环境

战略 5
规划
重建滨水区
混合式广场草坪

战略 187
表面
耐久性
木材、混凝土、混凝土铺路石和草地

战略 144
使用者
预防和保证举措
开阔的视野

社会

战略 53
背景
重建一个主题
沼泽地

战略 198
表面
模糊界限
混凝土铺路石和泥土

战略 231
照明设施
营造参照点
将照明设施用作建筑元素

外观

战略 45
理念
随意性
不规则的设施布局

混合式广场草地

    空间表面区域将硬式铺地与草坪相融合。不同空间规划处理之间的比例赋予了该空间以灵活的空间应用,既可以开展一些集体活动,也可供个人有规律地使用该空间。

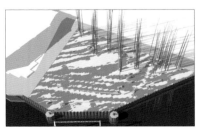
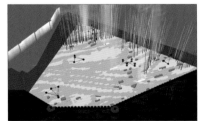
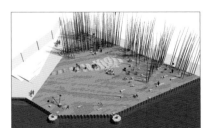

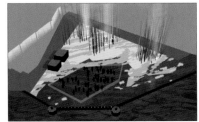

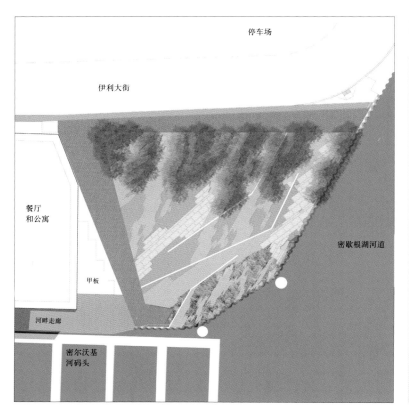

停车场

伊利大街

餐厅
和公寓

密歇根湖河道

甲板

河畔走廊

密尔沃基
河码头

战略	84

栖息地

处理雨水

人造地形

广场边沿不同高度的地势进行了改造，目的是将雨水引至河畔区域，雨水在那里汇集，进而形成了一片沼泽地。

战略	94

栖息地

处理植被

植被类型层次

从街道一直到河岸地区共有三种类型的植被（白杨木、旷野植被和沼泽植被）。这种植被层次设计使景观环境变得丰富多彩。

战略	144

使用者

预防和保证举措

开阔的视野

穿越几处空地上的稠密的黄杨木植被带，在广场边缘区域之间营造出了视觉联系。这使得人们身处附近的街道上就可以监控该区域，提升了人们的安全感。

照明设施

营造参照点

将照明设施用作建筑元素

　　用来打造长凳的玻璃纤维照明设施在夜晚格外引人注目，其发出的光线如车灯一般。邻近破晓时，光线会逐渐变弱。

战略 45

理念

随意性

不规则的设施布局

　　长凳和座椅区的不规则布局进一步提升了空间应用的不确定性，并使不同类型人群的汇聚成为可能：从大的集会区到供人们独处的小角落。

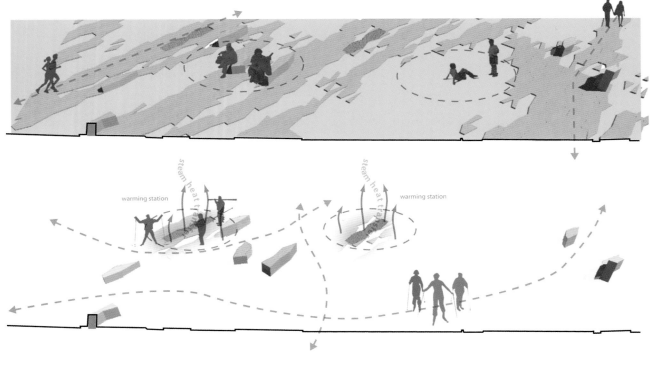

表面	表面	背景	栖息地
模糊界限	**耐久性**	**重建一个主题**	**季节性**

混凝土铺路石和泥土	**木材、混凝土、混凝土铺路石和草地**	**沼泽地**	**板桩墙上的垂直切口**
植被区和铺地之间传统的界限消失了，打造出了拥有模糊边界的区域。	使用不同材料打造的空间表面区可以按照功能来分配各条交通线路。	广场边的区域与水域相接，设计团队改造了五大湖湖畔典型沼泽地的空间特色。	密歇根湖水位周期性上涨时，钢制保护架上的切口设置可以使湖水漫过整个广场区。

编者按

    对于该充满创意的设计方案，其第一期致力于对东河河岸的码头区进行改造。当工程结束时，343 000 m²的土地就被转变成为一处公共空间。为了给该工程寻求资金支持，在属于公园的一个地块将会建造住宅楼和宾馆，其拥有欣赏曼哈顿风景的最佳视野，这些建筑空间将上市销售。原有的仓库经过循环利用之后将会折价出售，并打造新的商业和文化设施。该管理模式的最终目标是整个建筑项目的所有空间都能获得私募基金的支持。

地块面积：	343 000 m²
项目造价：	5750元 / m²
项目地点：	美国，纽约
项目时间：	2010—2013年
项目设计：	MICHAEL VAN VALKENBURGH ASSOCIATES

地域		地点		对象	

战略 110
栖息地
土方工程
人造地形

战略 85
栖息地
处理雨水
雨水储存罐

战略 173
表面
重新使用
花岗岩石板

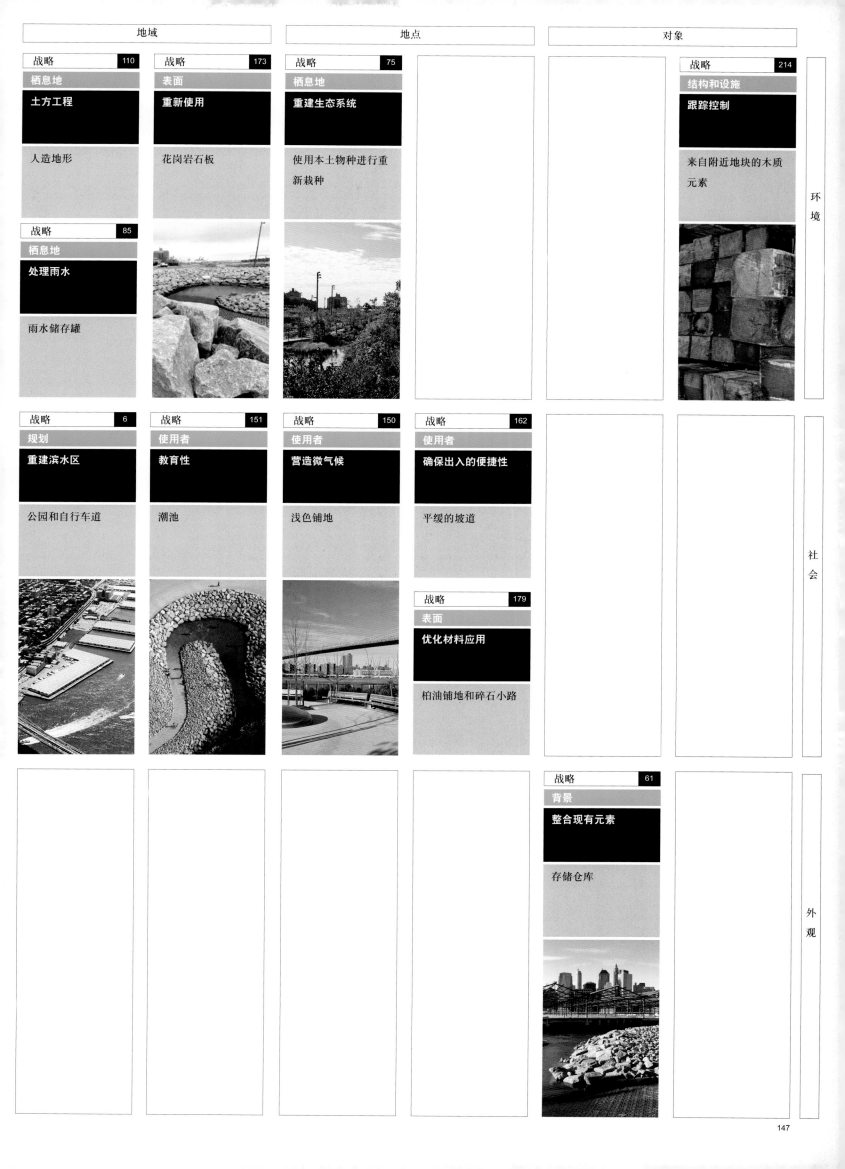

战略 75
栖息地
重建生态系统
使用本土物种进行重新栽种

战略 214
结构和设施
跟踪控制
来自附近地块的木质元素

环境

战略 6
规划
重建滨水区
公园和自行车道

战略 151
使用者
教育性
潮池

战略 150
使用者
营造微气候
浅色铺地

战略 162
使用者
确保出入的便捷性
平缓的坡道

战略 179
表面
优化材料应用
柏油铺地和碎石小路

社会

战略 61
背景
整合现有元素
存储仓库

外观

公园和自行车道

曼哈顿对面的码头区被转变成了一处公共空间带，通过人行道和自行车道联系成了一个整体。新建公园的风格与码头区的自由空间相适应。土方工程和规划植被设计依据每处板材所能承受的负荷量而定。

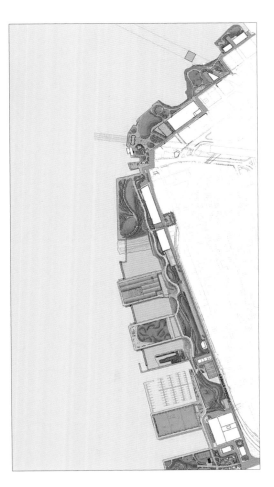

第六码头　　　5. 沼泽花园
1. 山谷　　　　6. 布鲁克林大桥公园
2. 嬉水区　　　7. 入口亭台
3. 沙箱小镇　　8. 水上出租车
4. 斯莱德山　　9. 遛狗区

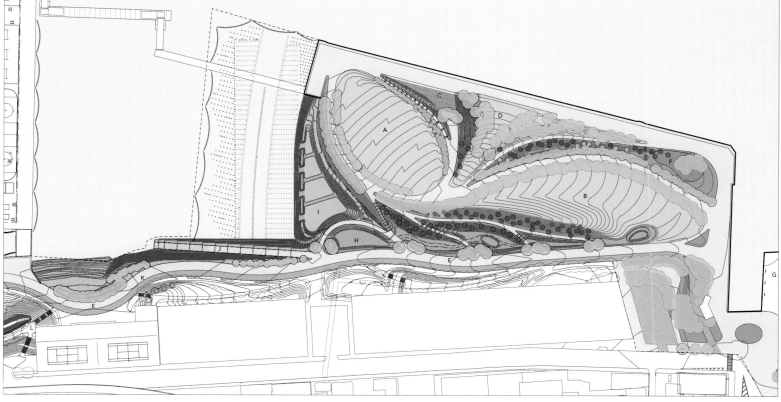

第一码头
A. 海港观景草坪
B. 大桥观景草坪
C. 花岗岩风景区
D. 溪谷
E. 人行漫步道
F. 小型儿童游乐场
G. 渡轮码头
H. 水上花园
I. 盐碱滩
J. 皮划艇发动区
K. 自行车和人行通道
L. 螺旋形坡道

栖息地

土方工程

人造地形

　　人造地形将第一码头区整合在了一起。平坦的空间区表面遍布着人造小山，可将空间、功能和通道区别开来。来自于曼哈顿火车隧道建筑工地的碎片被用作了这些结构的填充物

栖息地

重建生态系统

使用本土物种进行重新栽种

　　东河河岸本就有的各种栖息地被重新引入到该项目的设计之中：河畔林地和灌木丛、淡水湿地、沼泽地和浅水栖息地等。

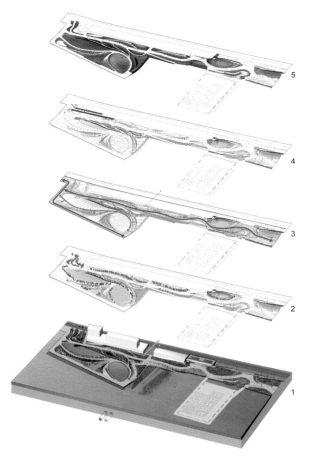

1. 多样化的景观空间用作街区的便利设施
2. 通过改造先前平坦的地形使很多不同景观成为可能
3. 道路网络结构营造出丰富多彩的景观体验
4. 地块上的径流被用来灌溉
5. 人工打造的8.5 m高的地势

战略 61	战略 151	战略 85
背景	**使用者**	**栖息地**
整合现有元素	**教育性**	**处理雨水**
存储仓库	**潮池**	**雨水储存罐**
海港仓库的一部分被重新利用起来，作为公共空间。按照规划，钢制支撑结构得以保存，而围墙的一部分被拆除。	靠近第二码头区的潮池使人们能够了解那片潮水退去后所展现的自然栖息地，同时使人们与东河的水域有了直接的联系。	雨水被收集储存在地下储水罐之中，70%的灌溉用水都来自于这个储水罐。

表面

优化材料应用

柏油铺地和碎石小路

　　所有道路的铺地
均使用了一层柏油，
上面铺了一层镶嵌在
焦油黏合剂中的碎石。
这使得道路的修复和
维护工作可以轻松开
展，却又不必破坏到
铺地的大致外观。

使用者

营造微气候

浅色铺地

　　浅色的铺地可以
折射太阳的热能，而
非吸收这些热能。这
样就避免了因太阳光
直射和太阳光在水面
上发射开来所产生的
"热岛"效应。

来自附近地块的木质元素

用来支撑花园围墙的刺槐木柱模仿了农田中的栅栏。两处支撑柱和儿童游乐场均使用刺槐木打造而成，可以较好地抵御外部力的冲击，并且是来自周边地区的材料，方便运输。

使用者

确保出入的便捷性

平缓的坡道

所有道路的坡度均不到5%，这使得所有区域都能方便轮椅的出入。

表面

重新使用

花岗岩石板

威利斯大桥拆除之后的残余部分被用到了沼泽地边缘的打造之中，并且也将用到公园未来的开发之中。罗斯福岛大桥拆除之后产生了400块花岗岩平板，这些都被用来打造正面看台。

Race街码头

编者按

　　该项目是使河流重新回归费城的第一项举措。破败的滨水区域空出了大片的公共空间，市政当局希望将其与商业区联系起来。该项操作与布鲁克林河畔改造项目*类似，码头结构也被利用起来。一条坡道将整个空间分成了两个层次，通过看台相连。在较低的平台上，多功能的地块占据了大部分的空间，结构中的两处孔状设计使人们可以近距离观看变幻的潮汐。

地块面积：	4046 m²
项目造价：	6960 元 / m²
项目地点：	美国，费城
项目时间：	2011年
项目设计：	JAMES CORNER FIELD OPERATIONS

地域		地点		对象		

地域

战略 **111**

栖息地

土方工程

聚苯乙烯地形

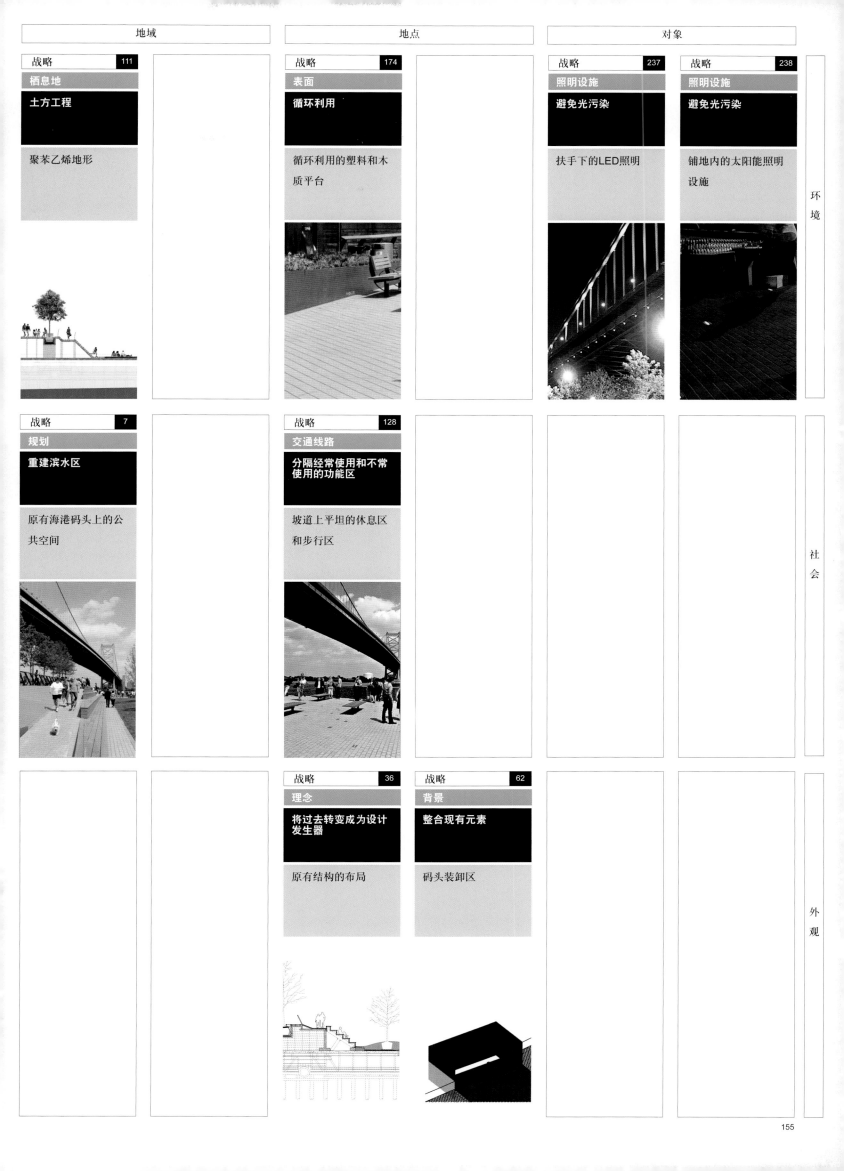

地点

战略 **174**

表面

循环利用

循环利用的塑料和木质平台

对象

战略 **237**

照明设施

避免光污染

扶手下的LED照明

战略 **238**

照明设施

避免光污染

铺地内的太阳能照明设施

环境

战略 **7**

规划

重建滨水区

原有海港码头上的公共空间

战略 **128**

交通线路

分隔经常使用和不常使用的功能区

坡道上平坦的休息区和步行区

社会

战略 **36**

理念

将过去转变成为设计发生器

原有结构的布局

战略 **62**

背景

整合现有元素

码头装卸区

外观

交通线路

分隔经常使用和不常使用的功能区

坡道上平坦的休息区和步行区

坡道上的人行道部分逐渐向上延伸，将人们的视野引至路线的尽头。在朝阳的一面，有一处地势较低的休息区、一片多功能区、植被区和很多的座椅。

规划

重建滨水区

原有海港码头上的公共空间

该项目是特拉华河河岸改造工程的一部分。废弃的海防设施将会被转变成为公共空间和其他公共设施。

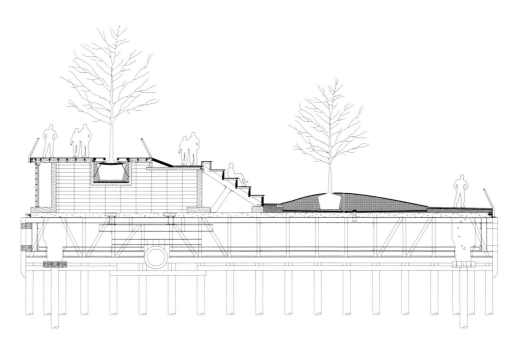

战略 111	战略 238	战略 237	战略 174	战略 62	战略 36
栖息地	照明设施	照明设施	表面	背景	理念
土方工程	避免光污染	避免光学污染	循环利用	整合现有元素	将过去转变成为设计发生器

聚苯乙烯地形

聚苯乙烯材料的质量很轻，被作为填充物用来打造码头上的两层空间，可以适应原有结构的大小。这种材料可以预制，方便安装，而又不必依赖天气状况。

铺地内的太阳能照明设施

较低地面的石材铺地上安装了200个LED照明灯。这些照明灯由玻璃砖作为防护，玻璃砖的型号与铺砌用石块相同。

扶手下的LED照明

上部人行道的扶手以及与水域直接联系的扶手中均设置了LED照明灯，照亮了路面，同时又不与人们欣赏夜景的视野相冲突。

循环利用的塑料和木质平台

坡道和看台表面的空间是由木材和塑料纤维打造而成的。木材来自于锯木厂的废料和储存的板材，而塑料主要来自于循环利用的塑料袋子。塑料材料保护着木材免受潮湿环境和昆虫的侵蚀，而木材保护着塑料免受阳光的暴晒。

码头装卸区

在较低位置的散步道上，五个码头装卸区中的两个被保存下来，其主要是用于直接装卸货船上的物品。这些开口处使用金属格栅进行了封闭处理，而一部分仍然保持敞开状态。这样，人们仍能看到码头的原有结构，同时又能通过一个不寻常的角度来欣赏整条河流。

原有结构的布局

原有的码头包括一座两层的建筑，较低一层的主要功能是储藏，而较高的一层是供休闲之用。这样的布局带来了一种设计灵感，将上升式的人行道区和供社交生活用的休息区分隔开来。

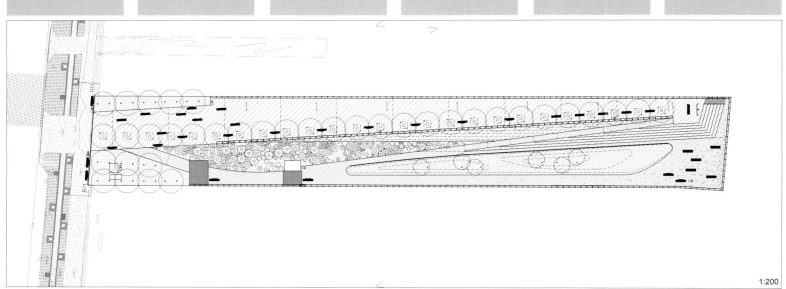

1:200

高线公园

编者按

　　我们从一开始就在跟进这个项目。现在，我们将对整个项目进行陈述，并将重点放在最近的一个项目上：它的二期。原有的战略要点在该部分中得以保存，尽管其需要与更为紧凑的空间特点和直线式的空间布局相适应。使用预制混凝土结构的地板、植被、组成部分、照明设施和入口通道系统都被保留。其区别就在于该部分被分成了数目众多的空间，其打破了原有布局的规律性。

地块面积：	16 187 m²
项目造价：	54 000元 / m²
项目地点：	美国，纽约
项目时间：	2011年
项目设计：	JAMES CORNER FIELD OPERATIONS，DILLER SCOFIDIO+RENFRO

地域		地点		对象	

环境

战略 95
栖息地
处理植被
不同的植被

战略 239
照明设施
避免光污染
设施下方的照明设施

社会

战略 21
规划
激活间隙空间
高架人行道

战略 129
交通线路
分隔经常使用和不常使用的功能区
有遮蔽的休息区

战略 180
表面
优化材料应用
预制混凝土板材

战略 163
使用者
确保出入的便捷性
电梯通道

外观

战略 26
理念
将走廊用作设施
铁路通道

战略 32
理念
生成矩阵
板材体系和植被

战略 69
背景
重新解读原有空间环境
自然植被

理念

将走廊用作设施

铁路通道

　　铁路高架桥上方的公园将西曼哈顿区的工业建筑（1930—1980）联系在一起。该高架桥的存在使人们避开了危险的铁路交叉道，同时在其联系的城市建筑之间打造出了一条狭窄的城市通道。

规划

激活间隙空间

高架人行道

　　在这处16 000 m²的废弃地块上有一条人行道穿行而过，其确保了人们可以在离地面9 m高的空间中走过曼哈顿20个街区（约1.6 km）。

使用者

确保出入的便捷性

电梯通道

　　沿整条路线设置了很多的电梯升降机，可以确保轮椅轻松来到高架桥的平台上。人行道路线、坡道和休息区的规格都进行了特别设计，以确保轮椅、儿童车等能够顺利通过或者转弯。

- ⦿ 特别的入口区 （楼梯+电梯）
- ◉ 主要入口区（楼梯+电梯）
- ○ 次级入口区（楼梯）

施泰力·利哈伊大厦

切尔西码头区

画廊街区

切尔西历史区

集市历史区

富尔顿住宅区

伦敦露台

切尔西艾略特住宅区

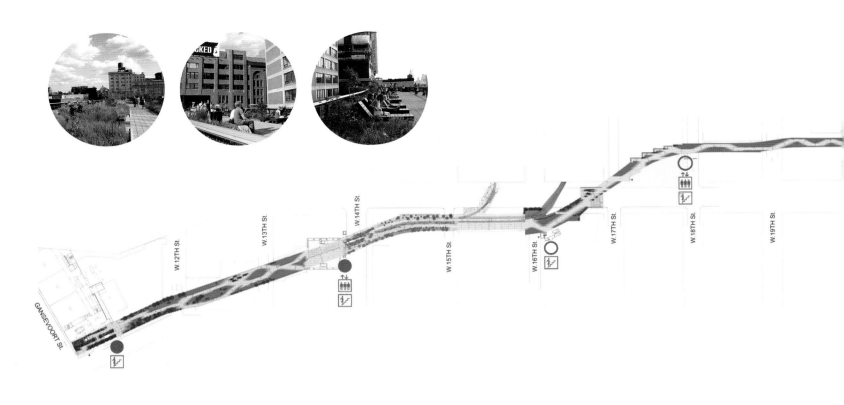

W 12TH St · W 13TH St · W 14TH St · W 15TH St · W 16TH St · W 17TH St · W 18TH St · W 19TH St

GANSEVOORT St

板材体系和植被

　　预制混凝土板材被用来组织公园的沟槽式表面。其宽度会渐渐变小，逐渐融入植被区中。而植被区打造出的空间表面消除了道路和花园之间的界限。

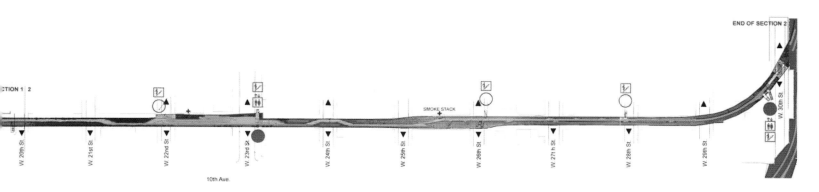

A

B

C

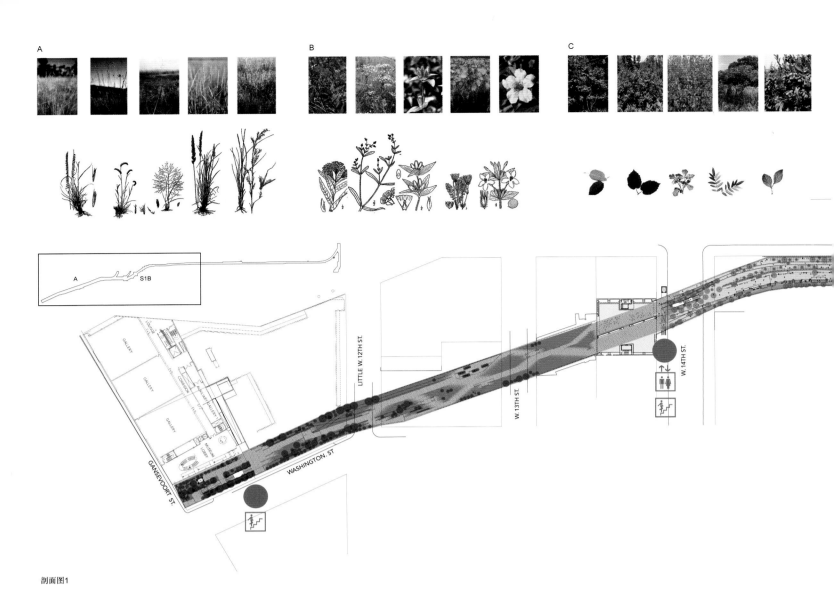

剖面图1

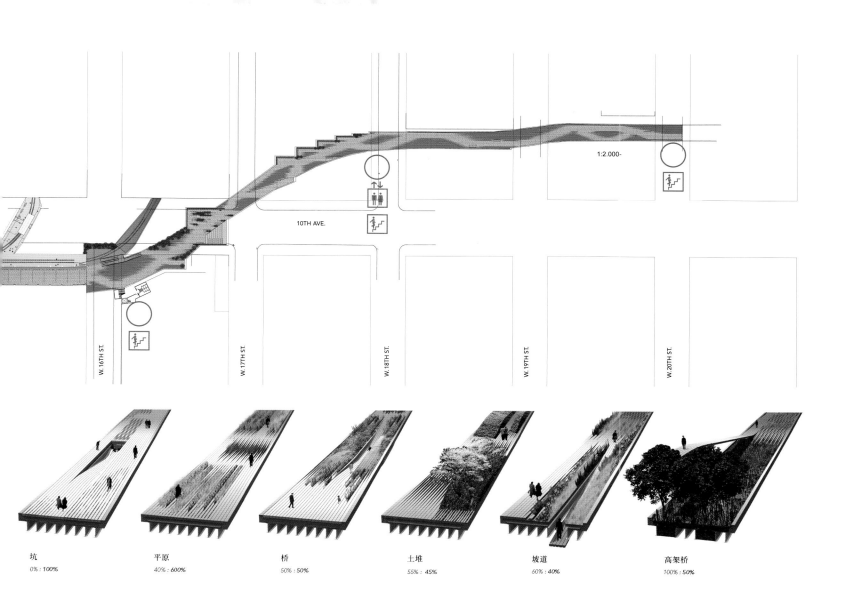

10TH AVE.

W. 16TH ST.   W. 17TH ST.   W. 18TH ST.   W. 19TH ST.   W. 20TH ST.

1:2.000-

坑	平原	桥	土堆	坡道	高架桥
0%：100%	40%：600%	50%：50%	55%：45%	60%：40%	100%：50%

不同的植被

　　分开设计的混凝土板材在其间打造出了可种植有机植物的空间，保留了原生态的植被类型。

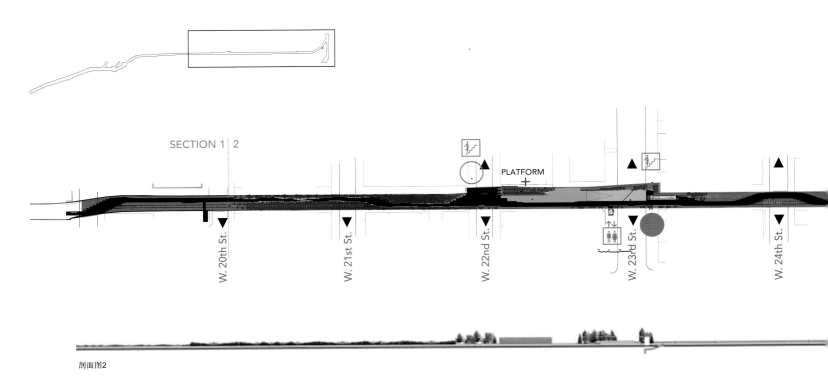

SECTION 1 | 2

PLATFORM

W. 20th St.

W. 21st St.

W. 22nd St.

W. 23rd St.

W. 24th St.

剖面图2

1. 灌木丛区

2. 草坪和座位区

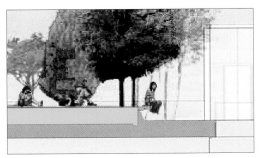

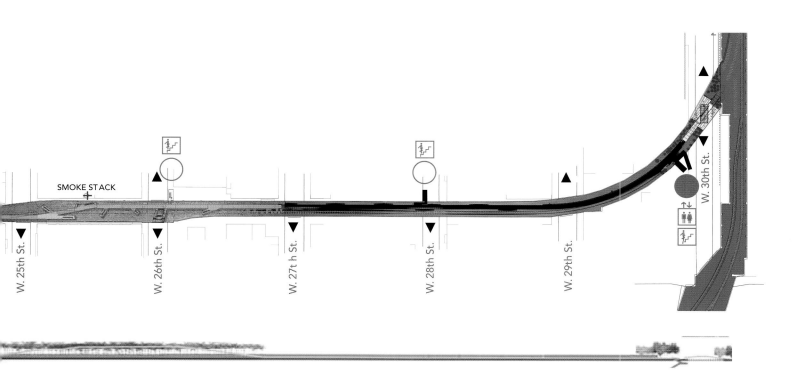

SMOKE STACK

W. 25th St.
W. 26th St.
W. 27th St.
W. 28th St.
W. 29th St.
W. 30th St.

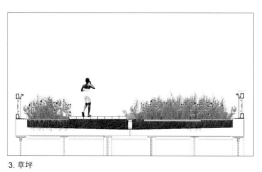

3. 草坪

4. 林地天桥

5. 平地

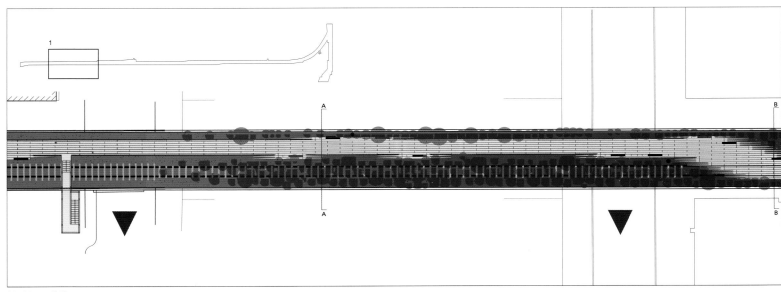

剖面图 2/1. 草地

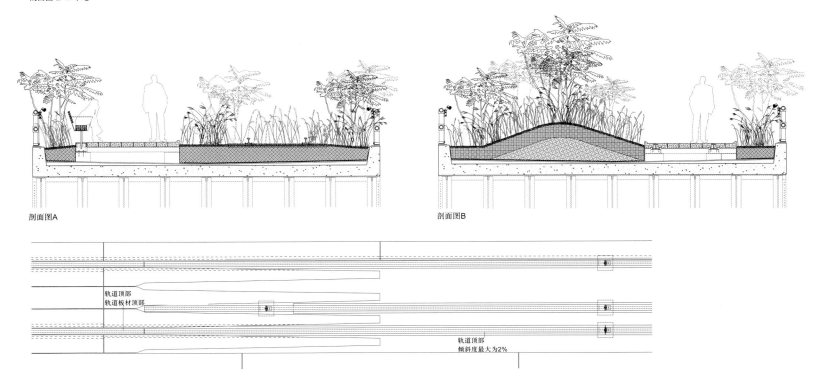

剖面图A

剖面图B

轨道顶部
轨道板材顶部

轨道顶部
倾斜度最大为2%

建筑轨道，平面图

预制混凝土板材

　　人行道路线共使
用了五种建筑元素进
行打造。可以轻松对
这些元素进行组合，
以打造或坚硬，或柔
软的空间表面。不同
的空间高度打造出了
风格多样的景观环境。

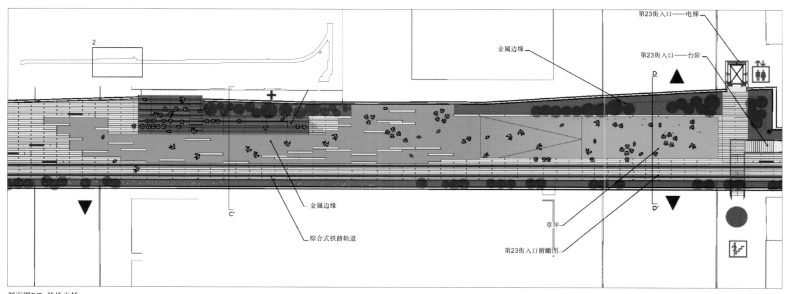

第23街入口——电梯
金属边缘
第23街入口——台阶
D

金属边缘

C'

综合式铁路轨道
草坪

第23街入口俯瞰图
D'

剖面图2/2. 林地天桥

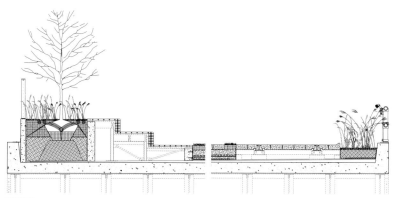

剖面图C

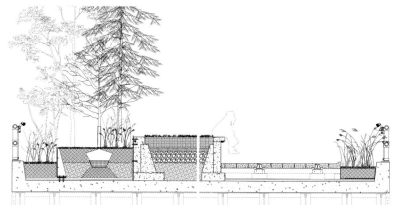

剖面图D

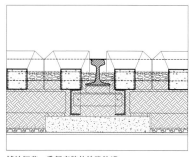

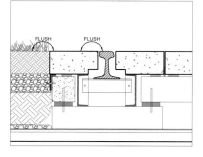

FLUSH   FLUSH

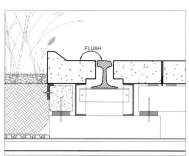

FLUSH

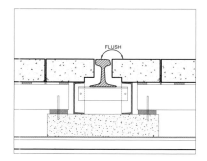

FLUSH

铺地细节：重新安装的铁路轨道

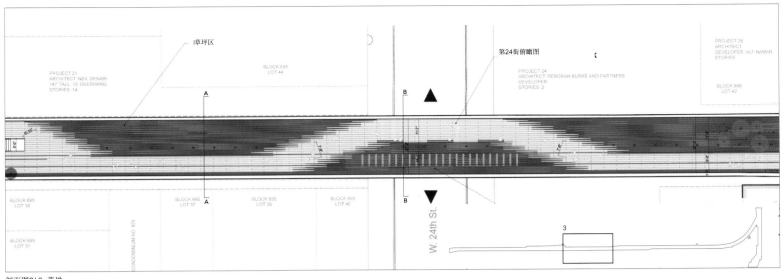

剖面图2/ 3. 草地

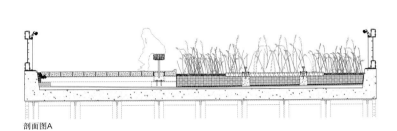

剖面图A

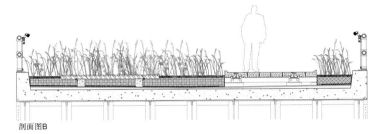

剖面图B

交通线路

**分隔经常使用和不常
使用的功能区**

有遮蔽的休息区

项目二期由一系列
风格独特的休息区构
成，凸显了人行通道
的特色，其中包括阶
梯式座位区、俯瞰街
道的观景平台、沿高
架桥曲线部分设置的
长坐凳以及结构中的
孔洞结构（方便人们
理解其功能构成）。

背景

**重新解读原有
空间环境**

自然植被

废弃铁轨上的绿植
赋予了该道路景观设计
的灵感。风和鸟儿从哈
德孙河的那一边将种子
带过来，滋生的灌木丛
填充了结构间的空洞。
在项目二期，有几处设
置是基于原有绿植空间
（灌木丛、草坪区、野
草以及空间两侧的林
地）的特色来设计的。

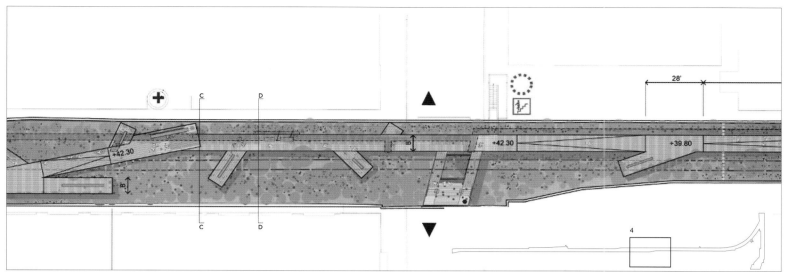

剖面图2/ 4. 林地天桥

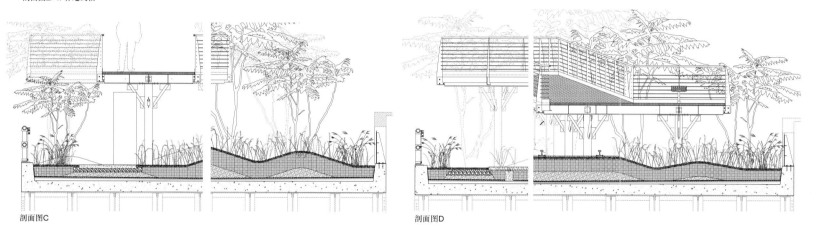

剖面图C

剖面图D

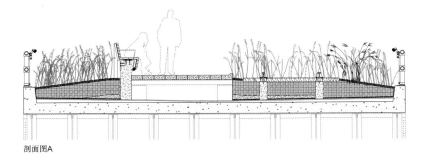

剖面图A

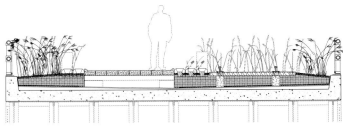

剖面图B

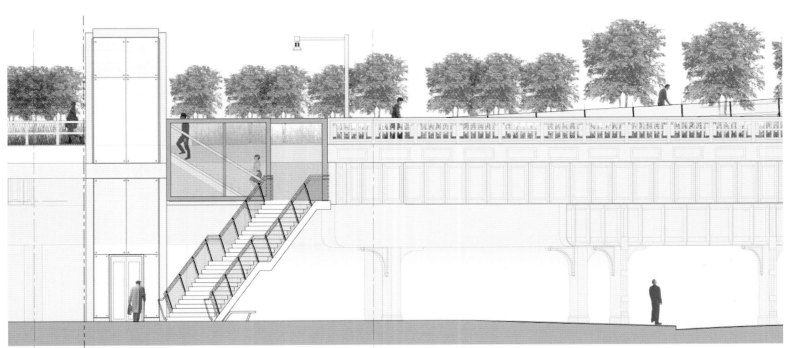

剖面图2/ 立面

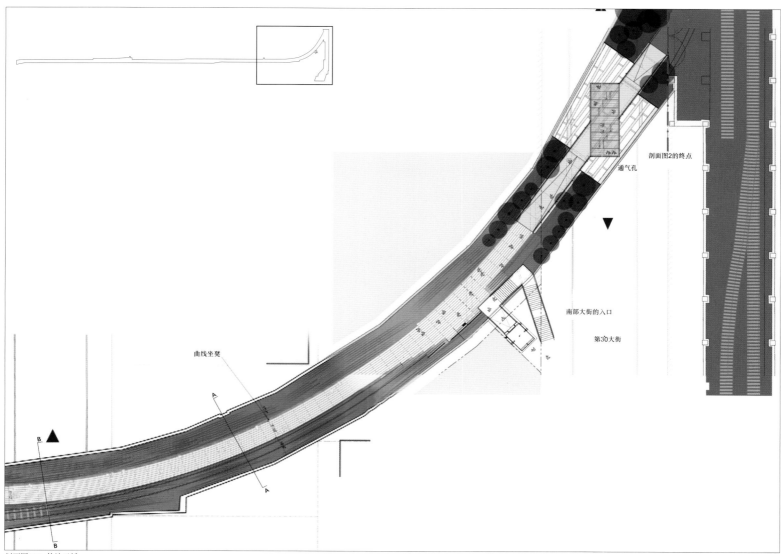

通气孔

剖面图2的终点

南部大街的入口

第3C大街

曲线坐凳

剖面图2/ 5. 林地天桥

照明设施

避免光污染

设施下方的照明设施

　　除了在入口通道位置，整个项目避免设置灯柱，以免影响到整个天桥的水平空间感。道路上的照明设施设置在坐凳、扶手的下方，或者镶嵌在比较独特的设施元素之中。

Lentspace

编者按

对于曼哈顿的这个地块来说，一场金融危机便能使其走到尽头。在这种局面来临之前，地块所有者在其中新建了一处临时性的机构，使人们可以在白天方便地进入地块之中。地块之内，一家非营利性机构负责活动筹划。作为过渡性的建筑结构，在房地产开发低迷时期，这些结构可以很轻松地被改造成为其他建筑空间。

地块面积：	2024 m²
项目造价：	1780元／m²
项目地点：	美国，纽约
项目时间：	2009年
项目设计：	Interboro Partners

地域			地点	对象		

战略 96

栖息地

处理植被

树林苗圃

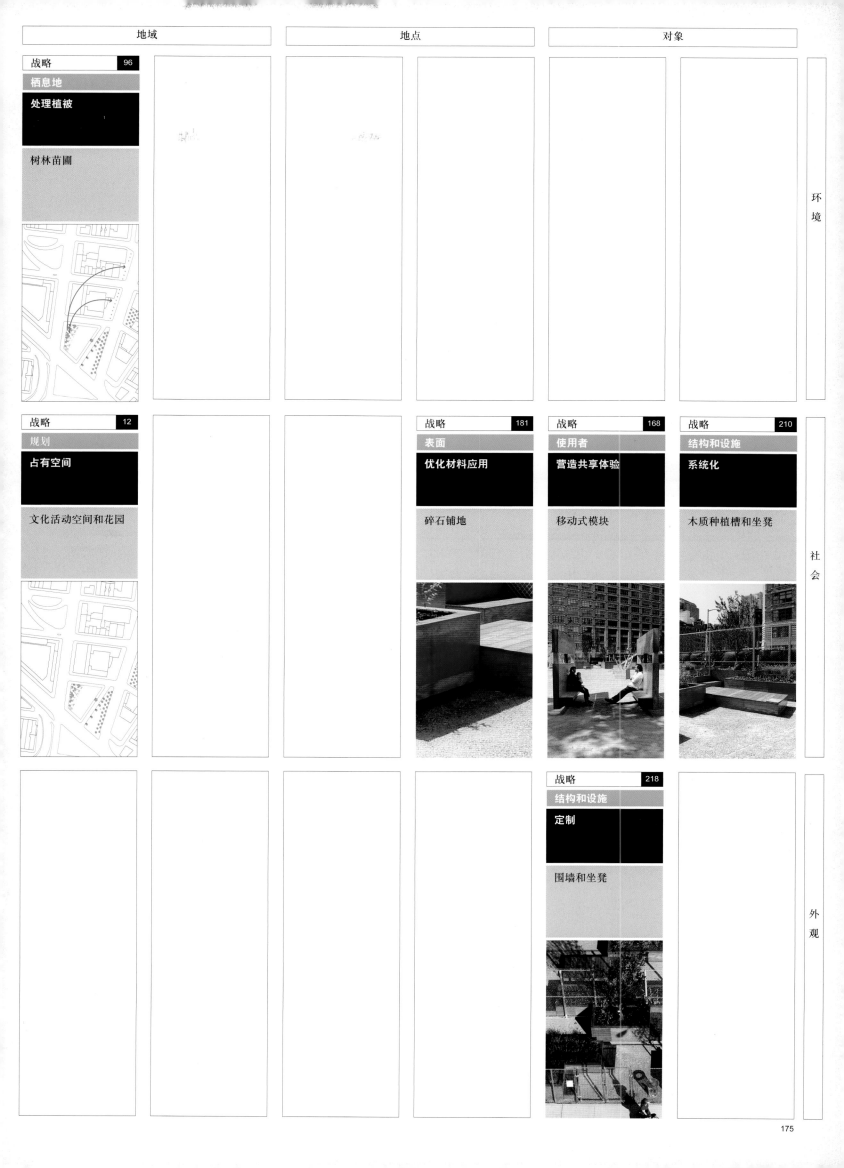

环
境

战略 12

规划

占有空间

文化活动空间和花园

战略 181

表面

优化材料应用

碎石铺地

战略 168

使用者

营造共享体验

移动式模块

战略 210

结构和设施

系统化

木质种植槽和坐凳

社
会

战略 96

栖息地

处理植被

树林苗圃

战略 218

结构和设施

定制

围墙和坐凳

外
观

规划

占有空间

文化活动空间和花园

　　该地块有一部分被树木苗圃所占据。围墙式坐凳每天对外开放几个小时，供游客使用。

表面

优化材料应用

碎石铺地

　　整个地块表面被风格统一的碎石覆盖。这是一种经久耐用、成本低廉的材料，可以很好地满足人行道和其他地面使用情况的要求。

栖息地

处理植被

树林苗圃

　　地块的一部分分配给了种植着树木的移动式种植槽。当这些结构被拆除以便打造规划中的建筑时，可以把这些树木移植到邻近街道的铺地上。

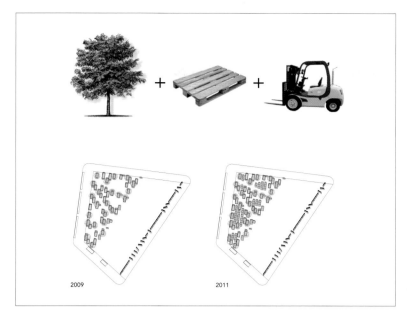

2009   2011

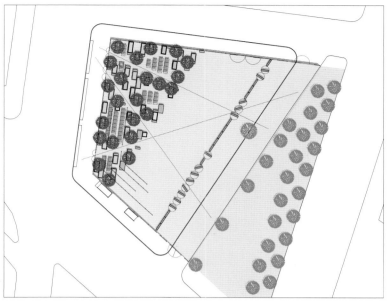

  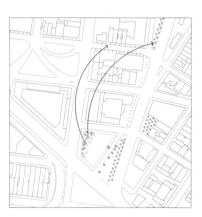 

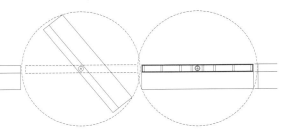

结构和设施

定制

围墙和坐凳

　　地块所有者原先设置在地块一侧的2 m高的金属围墙被更换成了钢木质结构。这种通透式结构可用作围墙、坐凳和结构框架。

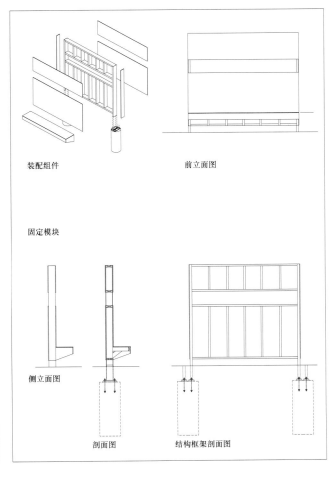

装配组件

前立面图

固定模块

侧立面图　　剖面图

剖面图　　结构框架剖面图

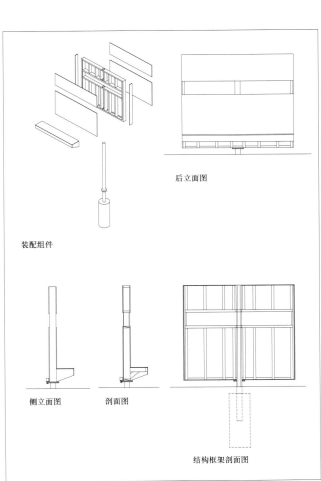

后立面图

装配组件

侧立面图　　剖面图

结构框架剖面图

结构和设施

系统化

木质种植槽和坐凳

　　所有设施均使用胶合板板材打造而成。板材经过特殊处理，以应对盐分含量较高的周边自然环境。设计师使用6种不同类型的板材打造出了11种风格各异的种植槽（固定式或者移动式）。

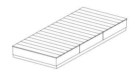

使用者

营造共享体验

移动式模块

　　围墙式坐凳可以进行拆分，形成可移动式模块，使用者可通过多种方式进行组合这些公共空间设施。这些模块使多种类型的空间布局成为可能：他们鼓励挪用、互动、社交等行为。

编者按

　　宫下公园建于1964年，位于铁路轨道旁，是一处公共汽车停车场的屋顶项目，高于周边的街道。特殊的地理位置决定了其长期以来的废弃境地，很多流浪汉也生活于此。近年来，一家私有赞助商对涩谷区的一项大型商务开发项目展现出了浓厚兴趣，该地块由此迎来了改变的契机。该项目的一项基本原则是通过投入私人资本，打造一个供人们有偿使用的运动设施区域。赞助方曾要求改变公园的名字，但是由于市民的抗议，这个想法最终作罢。

地块面积：	14 000 m²
项目造价：	2540元 / m²
项目地点：	日本，东京
项目时间：	2011年
项目设计：	Atelier Bow-Wow

　　宫下公园建于1964年，位于铁路轨道旁，是一处公共汽车停车场的屋顶项目，高于周边的街道。特殊的地理位置决定了其长期以来的废弃境地，很多流浪汉也生活于此。近年来，一家私有赞助商对涩谷区的一项大型商务开发项目展现出了浓厚兴趣，该地块由此迎来了改变的契机。该项目的一项基本原则是通过投入私人资本，打造一个供人们有偿使用的运动设施区域。赞助方曾要求改变公园的名字，但是由于市民的抗议，这个想法最终作罢。

环 境

战略 86	战略 103
栖息地	栖息地
处理雨水	**空间维护**
有排水孔式树坑	规划好花坛和矮树丛

社 会

战略 119	战略 22	战略 24	战略 156	战略 223	战略 200
交通线路	规划	规划	使用者	结构和设施	结构和设施
联系	**激活间隙空间**	**优化空间**	**劝阻**	**重新使用**	**耐久性**
通道和楼梯	收费运动区和活动广场	清除周边的坡地	控制入口	俱乐部会所	混凝土坐凳平台

		战略 164	战略 145	战略 211	战略 135
		使用者	使用者	结构和设施	使用者
		确保出入的便捷性	**预防和保证举措**	**系统化**	**参与性**
		电梯	铁丝网围栏	多功能柱子	攀岩墙的设计

外 观

战略 37	战略 63	战略 195	战略 212
理念	背景	表面	结构和设施
将过去转变为设计发生器	**整合现有元素**	**营造空间结构**	**系统化**
原有树木	五人制足球场	循环利用的橡胶材料	镀锌钢架

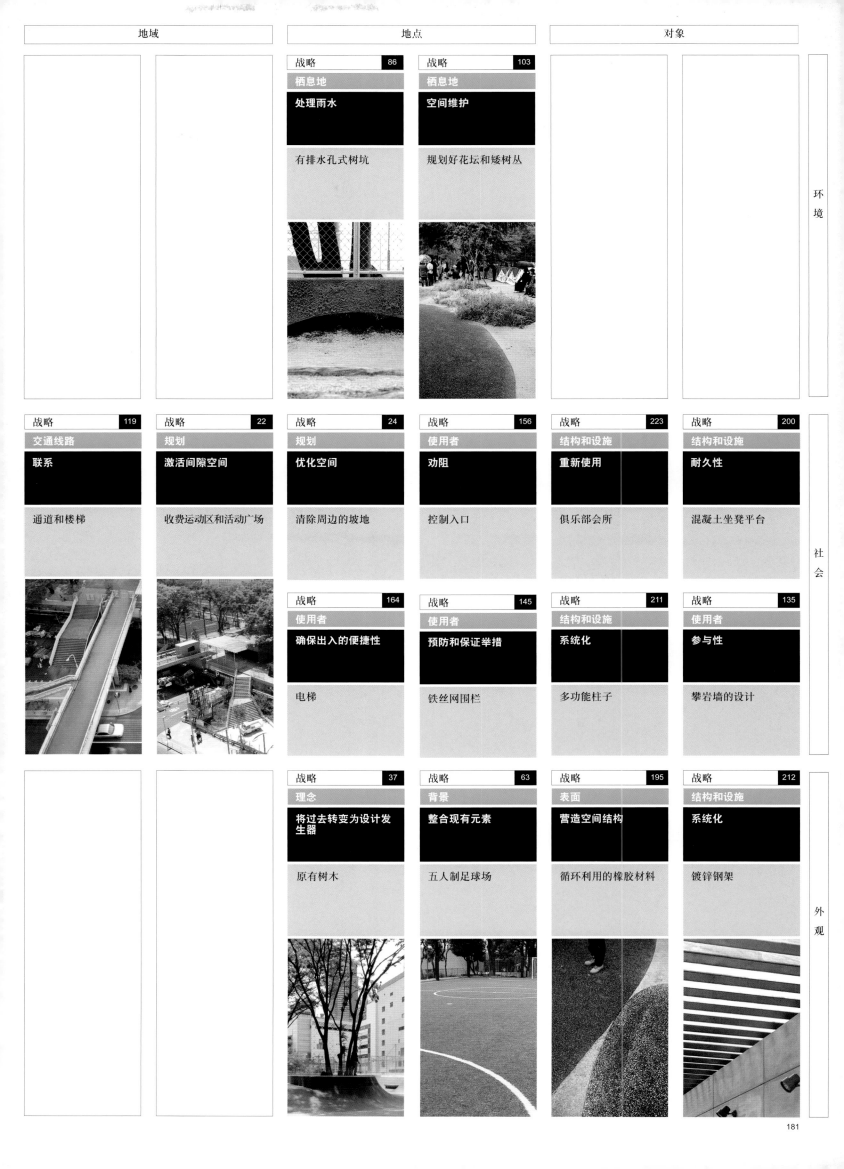

收费运动区和活动广场

通过一项私人赞助打造的供年轻人使用的活动区，给该公园重新注入了新的活力。除了新增添的运动设施之外，还新建了滑冰公园和攀岩墙，改造了活动广场。

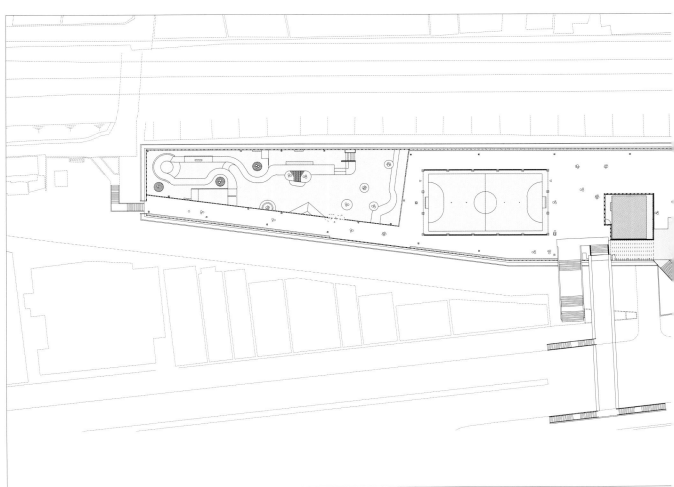

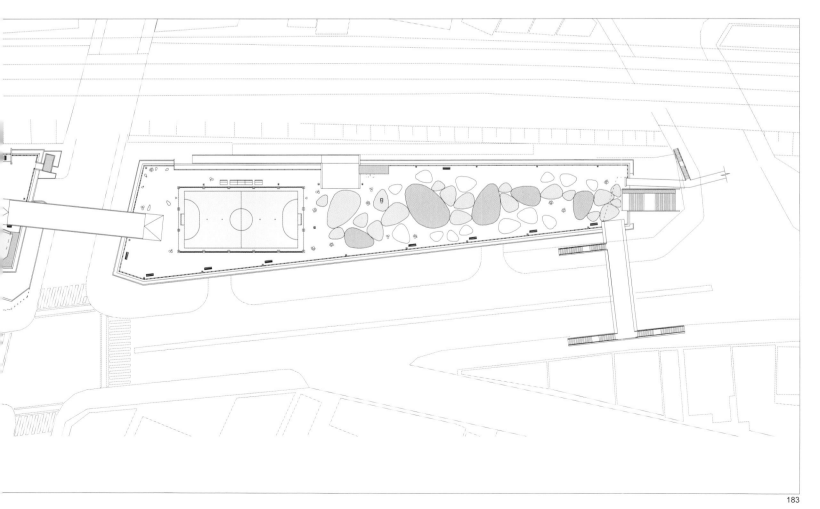

使用者

劝阻

控制入口

公园入口夜间关闭。私人资本体系使该公园的公共管理改造成为可能，其要求清理一直以来聚居于此的流浪汉（上左图所示），并且要确保他们不会再次回到这里。目前，他们居住在沿外墙设置的蓝色油布之下（下左图所示）。

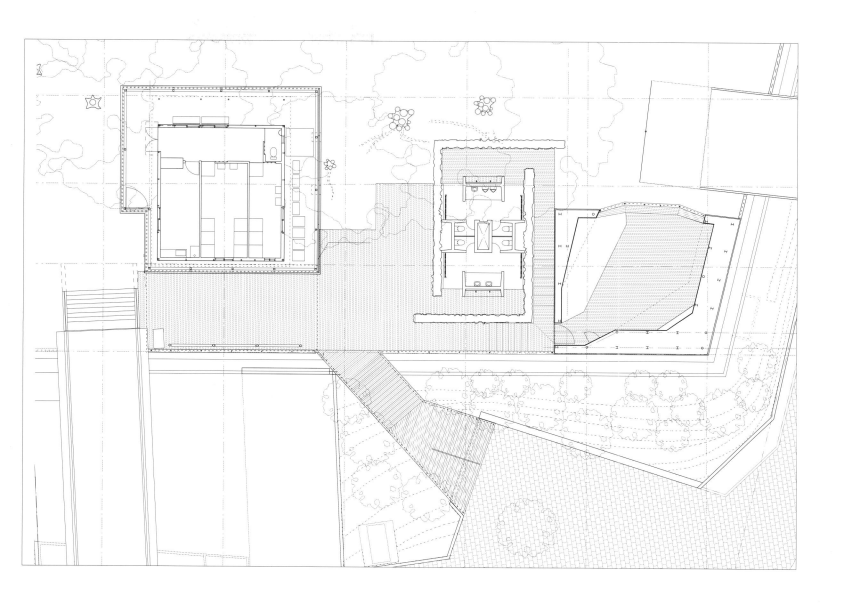

战略   **119**

交通线路

联系

通道和楼梯

    除了莫里大街的人行道和原有的入口楼梯之外，设计师重新打造了一处宏伟的楼梯，使得人们在向上下行进的过程中也能收获无穷乐趣。之前，停车场楼顶上的这处空间所处的地理位置实在有些尴尬，这也是其长久以来遭废弃不用的原因所在。

战略   **164**

使用者

确保出入的便捷性

电梯

    电梯将整座公园一分为二，其设置可以方便行动不便的人们以便捷的方式进入这座公园。

战略	212	战略	135
结构和设施		使用者	
系统化		参与性	

镀锌钢架

　　该结构由圆柱形的支撑结构和折叠式金属板打造而成，其顶部结构可以将日光和雨水阻隔在外。该空间可以满足各种类型活动的需求。

攀岩墙的设计

　　这些设施是与一些位于公园附近的攀岩俱乐部合作打造而成的。

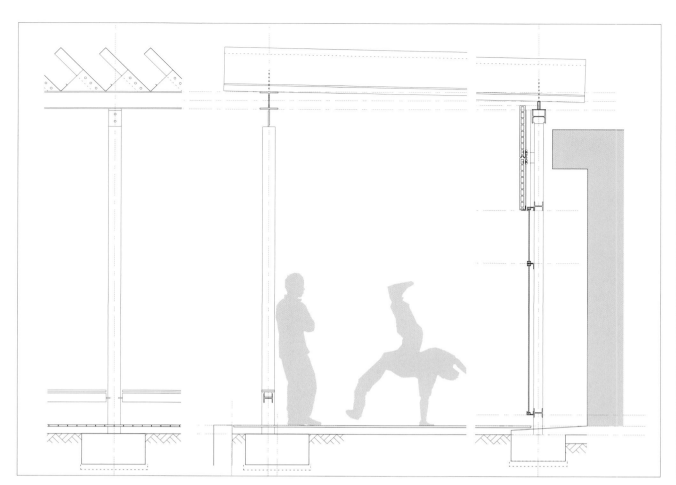

结构和设施

重新使用

俱乐部会所

　　该设施中设置了运动区的更衣室和管理、商务运营办公室。原有的建筑进行了扩建，外立面加建了崭新的水泥板材。正对大街的立面为玻璃结构，充当着整个多功能空间的大背景。

背景

结构和设施

整合现有元素

系统化

五人制足球场

在公园的翻新改建中，足球场地作为公园最初的活动重心所在得以保存，将继续作为运动项目的中心环节。通过私人资本，所有设施获得升级改造之后，都需要通过提前预定、提前付款才能使用。

多功能柱子

该结构由圆柱形的支撑结构和折叠式金属板打造而成，其顶部结构可以将日光和雨水阻隔在外。该空间可以满足各种类型活动的需求。

循环利用的橡胶材料

　　活动广场的地面运用了可循环利用的橡胶材料，表现为不同灰度的岛状结构。这样独特的地面设计与公园中的其他区域巧妙融为一体。

规划好花坛和矮树丛

　　多个花坛被限制分布在活动广场的某些区域中，这里也栽种了一些矮树丛和高大的树木。

循环利用的橡胶材料

营造出空间结构

理念

将过去转变成为设计的发生器

原有树木

    树木的分布决定了新建滑冰公园的整体布局。设计师围绕着每棵树使用EPS泡沫材料打造了防护性缓冲结构，进而确立了新建设施的整体外观。

栖息地

处理雨水

有排水孔式树坑

    这种树坑的设计可以避免雨水滞留在内，并可使雨水流至公园的主要排水沟中。

结构和设施

耐久性

混凝土坐凳平台

    在将周边的坡地移除之后，设计师新建了预制混凝土结构的爱护墙。低矮的墙体内为土堤，顶部为延伸的坐凳，可供人们坐在这里观看公园内的活动。

规划

优化空间

清除周边的坡地

    原有的坡地（参看左边的横截面图）使人们的休息区域和公园边沿分隔开来，减少了公园的表面面积。将这里用土填平之后，公园就成为可以欣赏整座城市的一处观景点，因为不管人们坐在这处高平台的哪个位置，都能清楚地看到街道上的情景。

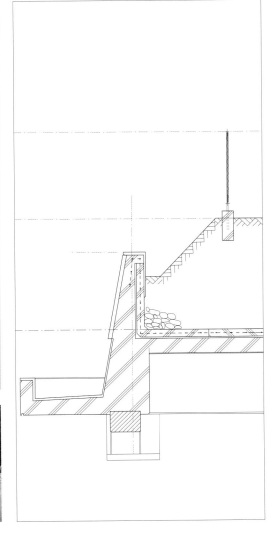

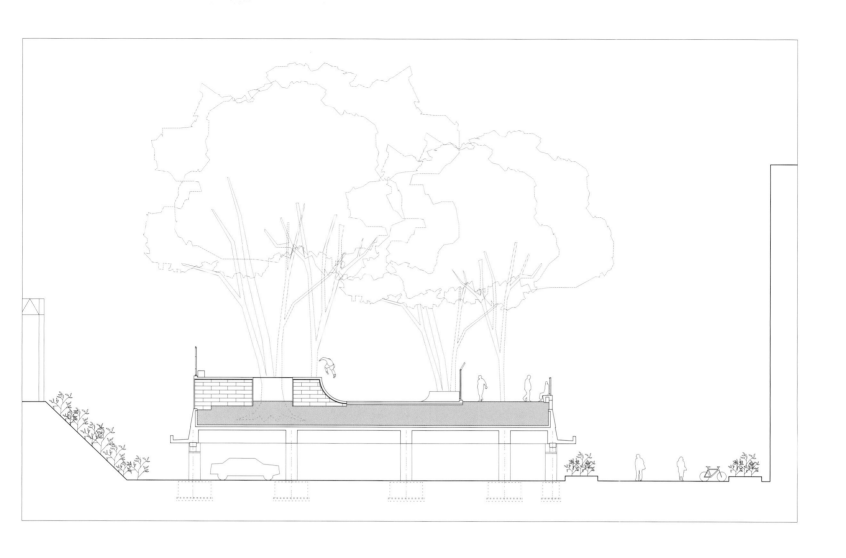

使用者

预防和保证举措

铁丝网围栏
　　该区域被中等高度的围栏所环绕。不管身处哪里，都能看到这个围栏，是这座多功能公园的大背景。

Superkilen

编者按

　　丹麦哥本哈根的Norrebro区是一个多文化社区，这里囊括了57种不同的文化。邻近的Norrebro公园的纵向景观因狭长地带延续，被分成三处功能各不相同的区域。

地块面积：	33 000 m²
项目造价：	1675元／m²
项目地点：	丹麦，哥本哈根
项目时间：	2011年
项目设计：	BIG, TOPOTEK1, SUPERFLEX

地域		地点		对象		

<table>
<tr><td></td><td></td><td colspan="2">

战略 `112`

栖息地

土方工程

循环利用的景观要素

</td><td colspan="2">

战略 `97`

栖息地

处理植被

适应北欧气候条件的
耐寒棕榈树

</td><td rowspan="3">环
境</td></tr>
</table>

战略 `10`

规划

为郊区注入活力

户外活动走廊

战略 `169`

使用者

营造共享体验

绿毯状的儿童活动
场地

战略 `130`

交通线路

**分隔经常使用和不经
常使用的功能区**

独特的自行车道设计

战略 `182`

表面

优化材料应用

有环氧树脂表层的油
漆涂层

战略 `136`

使用者

参与性

选择设施

战略 `219`

结构和设施

定制

多文化设施

社会

战略 `27`

理念

将走廊用作设施

间隙空间的走廊

战略 `46`

理念

随意性

市场和休闲散步道

战略 `196`

表面

营造出空间结构

拼接式的运动场地

战略 `227`

结构和设施

伪装

彩色排水铺地

战略 `54`

背景

重建一个主题

具有浓郁异域风
情、历史悠久的景观
建筑花园

战略 `64`

背景

整合现有元素

室外广场

战略 `232`

照明

营造参照点

灯柱

外观

背景

重建一个主题

具有浓郁异域风情、历史悠久的景观建筑花园

　　重现遥远的景观是历史性景观花园设计中的一个永恒的主题。该项目提议将其他地方的景观元素融入该地块中，以赋予其特别的含义。然而，在花园将未知世界推至人们眼前之前的现在，发挥了使人们怀念起故国的独特的作用。

规划

为郊区注入活力

户外活动走廊

　　该项目的选址用意，一是给当地居民营造一处会面地点，二是为城市其他区域的人们打造一个不错的去处。各个区域所能开展的活动各不相同，且展现出了不同的空间氛围。

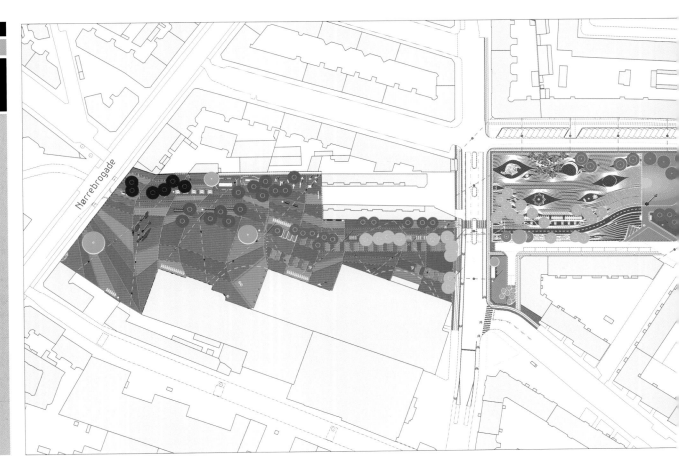

表面

营造出空间结构

拼接式的运动场地
　　该区域被不同色调的红色分成了多个部分。这些不同部分所能开展的活动也各不相同。

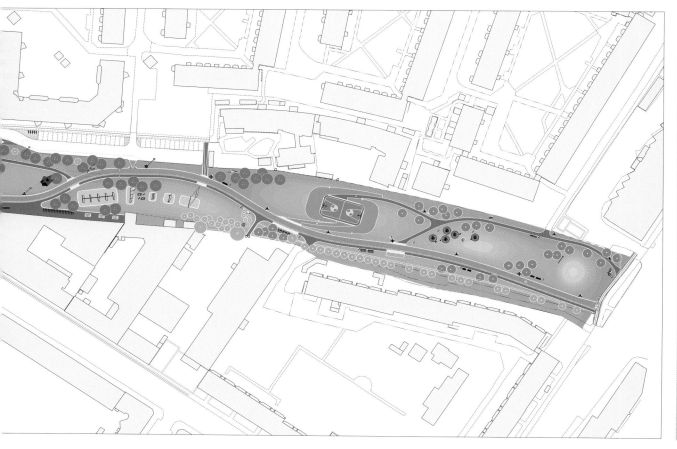

使用者

营造共享体验

绿毯状的儿童活动场地
　　使来自不同文化背景的年轻人和成年人融入环境之中是一个非常复杂的过程，然而，儿童却可以很轻松地融入其中。公园的走廊最后一个部分专为孩子及其家长开展各种活动而设计。

理念

将走廊用作设施

间隙空间的走廊

　　穿过Norrebro建筑后部区域的地带包括三个区域，各自拥有鲜明的特色：红色的广场一直延伸至早年的停车场区；黑色的休憩区之前是建筑区，后被拆除；而绿毯状的运动区为原先使用率较低的绿草走廊注入了新的活力。

理念

随意性

市场和休闲散步道

　　风格统一的黑色沥青散步道，周末举行露天街道集市，工作日的时候转变成休闲空间，供人们举办比赛、滑冰或者进行一些户外演出活动。

循环利用的景观要素

　　为打造比赛场地而挖掘出的泥土可用来创建儿童公园部分矮堆状的人造景观。

适应北欧气候条件的耐寒棕榈树

　　产自中国的很多棵耐寒棕榈树被栽种在了市场休闲区中。这些棕榈树可以经受住丹麦冬天多雪的气候。

室外广场

　　原先的停车场转变成了文化和运动场地，正对着Superkilen。基于室内空间的布局方式，室内的活动可以很自然地延伸至户外红色的运动广场中。

彩色排水铺地

红色广场区的树坑由与铺地齐平的排水层覆盖。和其他区域一样，该区域也是红色的。

有环氧树脂表层的油漆涂层

彩色聚氨酯涂层不仅应用到了红色广场的表面覆层上，还应用到了附近建筑的分隔墙体上。这些墙体包围着场地和大多数的设施。

独特的自行车道设计

自行车拥有穿过整个区域的专属通道。该通道的特色体现在独特的立柱设计和与众不同的铺地设计上。

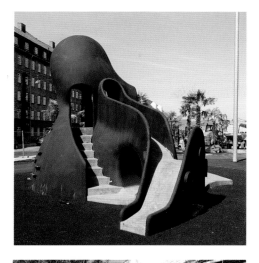

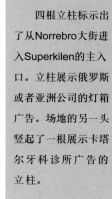

灯柱

四根立柱标示出了从Norrebro大街进入Superkilen的主入口。立柱展示俄罗斯或者亚洲公司的灯箱广告。场地的另一头竖起了一根展示卡塔尔牙科诊所广告的立柱。

多文化设施

所有设施元素均来自不同的国家，这样可使人们领略到其他地方的风情。设计师并没有使用纯粹的丹麦式的景观设计，而是使来自约60个不同国家的不同文化可以和平共处。这有助于多样化的人群感受到一种归属感。

选择设施

设计师邀请当地居民提出一些来自其家乡的设施元素，并将其融现在的这个地块中，而这正是这些居民所希望看到的。为此，有关方面还在当地报纸上刊登了广告，为其专门设立了一个网址，并举办了几次会议。

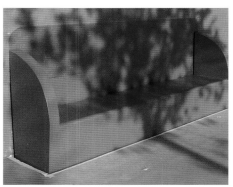

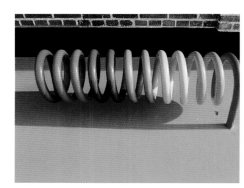

Nordbanhof公园

编者按

　　最近，有两座公园在柏林的两个不同地方完工了。几年之后，两座公园都将成为市中心连接新建设施的7 km走廊的一部分（还有围墙公园和柏林墙纪念馆）。

　　在这种情况下，原先什切青车站高高的平台上方新建了一片由三个休闲娱乐区构成的大型草地。将一层层的历史空间（火车站、柏林墙和德国统一后废弃的那段柏林墙）叠加起来，最终成就了这座公园。

地块面积：	51 500 m²
项目造价：	320元 / m²
项目地点：	德国，柏林
项目时间：	2009年
项目设计：	FUGMANN JANOTA

地域	地点	对象	

战略 `104`

栖息地

空间维护

野生草地

| | | 环境 |

战略 `12`

规划

占有空间

草坪、休闲岛和林地

战略 `171`

使用者

逃离

休闲岛

战略 `157`

使用者

劝阻

栏杆标志

战略 `188`

表面

提高材料耐久性

混凝土小路

战略 `224`

结构和设施

重新使用

方石堆

| | | | 社会 |

战略 `40`

理念

融入偶然性

随意的植被

战略 `66`

背景

整合现有元素

墙体、铁路轨道和
历史悠久的坡道

| | | | 外观 |

地域

对象

草坪、休闲岛和林地

　　废弃的铁路轨道区被转变成了一座公园。中央的大型草坪区设置了可举办各项活动的三个区域，其间有小道相连。桦木木质结构沿整个地块延伸。

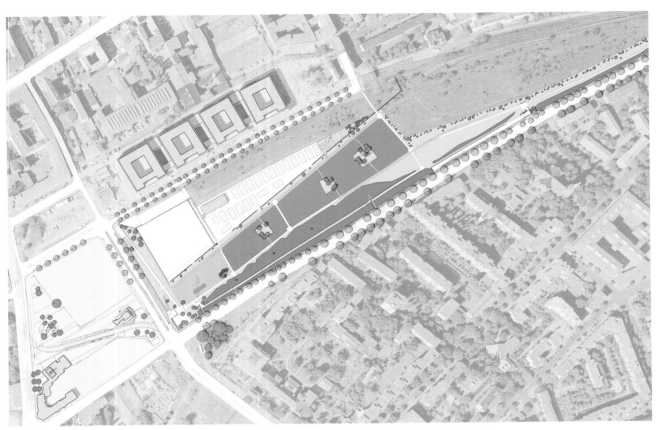

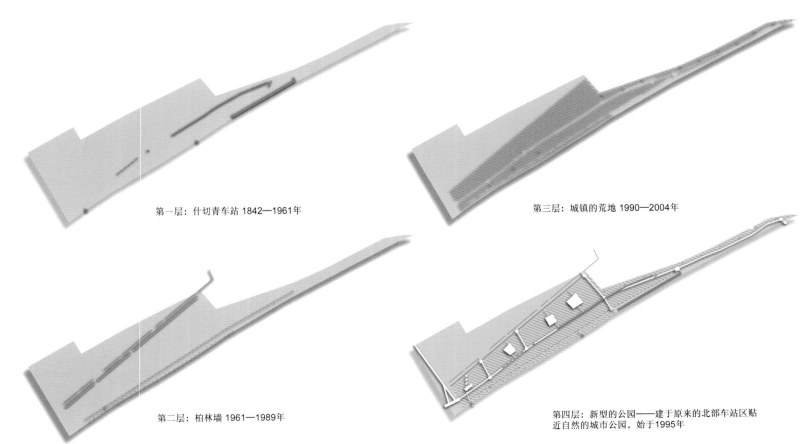

第一层：什切青车站 1842—1961 年

第三层：城镇的荒地 1990—2004 年

第二层：柏林墙 1961—1989 年

第四层：新型的公园——建于原来的北部车站区贴近自然的城市公园，始于 1995 年

随意的植被

在经过多年的荒废之后,这片土地被恣意生长的各种植被所覆盖。设计师保存了那处大片长有杂草的区域,并在周边设置了栅栏,使其原貌完整地呈现在人们眼前。

整合现有元素

墙体、铁路轨道和历史悠久的坡道

原有的铁路轨道在地块的几个不同地方不经意地呈现。进入原来车站的入口坡道被改造成为进入公园的通道。柏林墙的一部分被保存下来,其通道使用平行的两条鹅卵石铺地进行打造,以供后人纪念。

结构和设施

重新使用

方石堆

公园中散布着几个 3 m 宽的方石堆。它是由散落在地块里的一些石块堆积而成。

使用者

逃离

休闲岛

使用彩色混凝土元素打造而成的休闲岛，位于草地的中央位置。

栖息地

空间维护

野生草地

由于该项目的预算削减，原先长满了高高野草的草地得以保留。大树被砍掉，维护工作就仅限于清理操作了。

表面

提高材料耐久性

混凝土小路

　　地块上的混凝土小路和休闲岛围绕着经典的、封闭式的花园布局展开设计。

使用者

劝阻

栏杆标志

　　长长的栏杆结构将中心草坪与主要的人行通道分隔开来。栏杆结构的存在是为给使用者展示这处空间的价值所在，并避免环境的状况恶化。

Gleisdreieck公园

编者按

　　这座公园是柏林市中心绿色空间网络结构的一部分。德国重新统一之一，有必要对基础设施进行改造，以适应柏林重新作为一个整体城市的新现实。荒废的空间结构和车站为在铁路轨道上打造公共空间创造了条件。这些公共空间位于比地面约高4 m的高地上。原有的一些大树像一条厚厚的景观带，覆盖着下面的一片大型草地，这片草地拥有多重功能。

地块面积：	180 000 m²
项目造价：	551元 / m²
项目地点：	德国，柏林
项目时间：	2011年
项目设计：	Atelier Loidl

Gleisdreieck公园

环境

战略 98
栖息地
处理植被
原有的自然环境和新栽种的植被

战略 14
规划
占有空间
草地、林地、操场和运动场

社会

战略 165
使用者
确保出入的便捷性
入口坡道

战略 183
表面
优化材料应用
彩色混凝土元素

战略 189
表面
提高材料耐久性
混凝土通道

战略 201
结构和设施
提高材料耐久性
高性能的木材

战略 28
理念
将走廊用作设施
人行通道

战略 66
背景
整合现有元素
铁路轨道

战略 220
结构和设施
定制
木质操场和设施

战略 235
照明
营造景观环境
弯曲式灯柱

外观

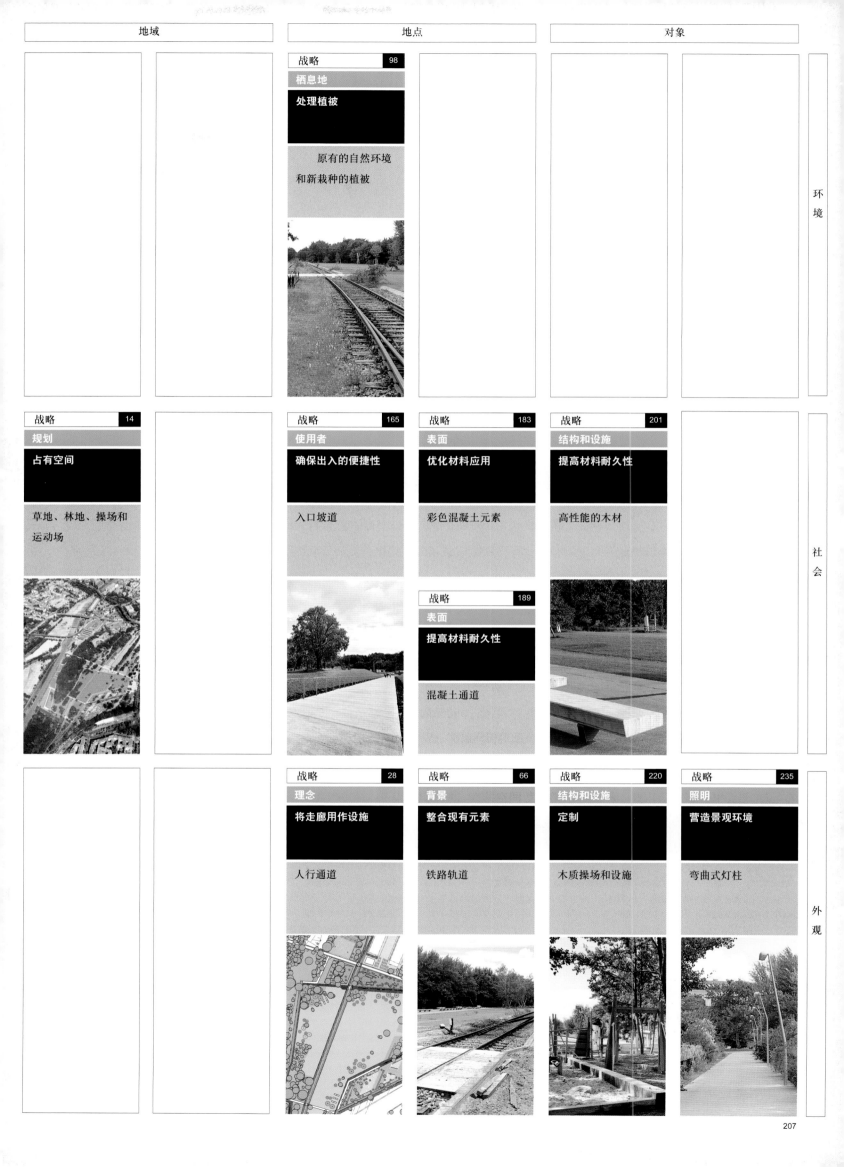

草地、林地、操场和运动场

废弃的铁路轨道区被打造成了一座公园。原有的林地和草地都得以保留，并进一步保留了原有的铁路轨道以及供孩子们和年轻人使用的操场和运动场地。

战略　28	战略　98	战略　66
理念	栖息地	背景
将走廊用作设施	**处理植被**	**整合现有元素**
人行通道	**原有的自然环境和新栽种的植被**	**铁路轨道**
使用彩色板材打造而成的走道是公园的主要通道，突显了位于中央的草地，将其与周边的林地分隔开来。该走道在四个点上向外拓宽，赋予一个80 m长的阶地观景区，使人们可以欣赏到草地的风景。	原有的繁茂林地是整个大型开放式草地的大背景。沿铁路轨道设置的自然植被得以保留。	铁路轨道自北向南穿过公园的中央草地。公园景观中加建了扳道工建筑，老旧的铁路设施成为户外表演座位区的大背景。

使用者

确保出入口的便捷性

结构和设施

提高材料耐久性

入口坡道

该公园位于距离地面4 m的高地上，高度差通过6%的坡道解决。这样的通道设置确保了行人和骑自行车的人可以在不同的地点便捷地进入公园之中。

高性能的木材

对行人通道木制座椅所使用的木材使用乙酰化的操作流程进行了处理。这种生产技艺赋予木材极高的稳定性、耐久性，并使其免受虫类、细菌和紫外线的侵害。

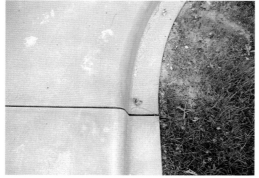

战略 183	战略 189	战略 220	战略 235
表面	表面	结构和设施	照明
优化材料应用	**提高材料耐久性**	**定制**	**营造景观环境**
彩色混凝土元素	**混凝土通道**	**木质操场和设施**	**弯曲式灯柱**
中央通道和入口楼梯均由彩色的预制混凝土元素打造而成。这种混凝土材料有四种类型：直的、弯曲的、直角和圆角的。	穿越地块的通道和入口坡道均由当地的混凝土材料打造而成，这些混凝土材料均使用防滑槽进行了处理，自行车道均被打造成了柏油路。	使用木桩打造的秋千和其他设施装饰着草地的边缘，靠近中心人行通道。	一些通道沿线均设置有弯曲式的灯柱。这样的设置是为了赋予通道不同强度的光照。

德绍景观走廊

编者按

　　德国的统一使得东德的一些设施被拆除，人口也向西德迁徙。今天，很多东欧的城市都表达了对城市中心区闲置的抗议，这些地区之前曾被社会主义国家所拥有。在德绍，仅仅从1989年到2005年间，人口就从101 000人下降到了79 000人，很多住宅也被拆除。闲置的空间为公共空间和设施的打造提供了绝好的契机。通过建筑师的精心设计以及市民的参与之后，有限的资源被充分利用起来。从设计和长期维护考虑来说，市民的参与是大有裨益的。

地块面积：	170 000 m²
项目造价：	40元 / m²
项目地点：	德国，德绍
项目时间：	2010年
项目设计：	Station C23

地域		地点		对象	

地域

战略 76
栖息地
重建生态系统
强化迁徙线路

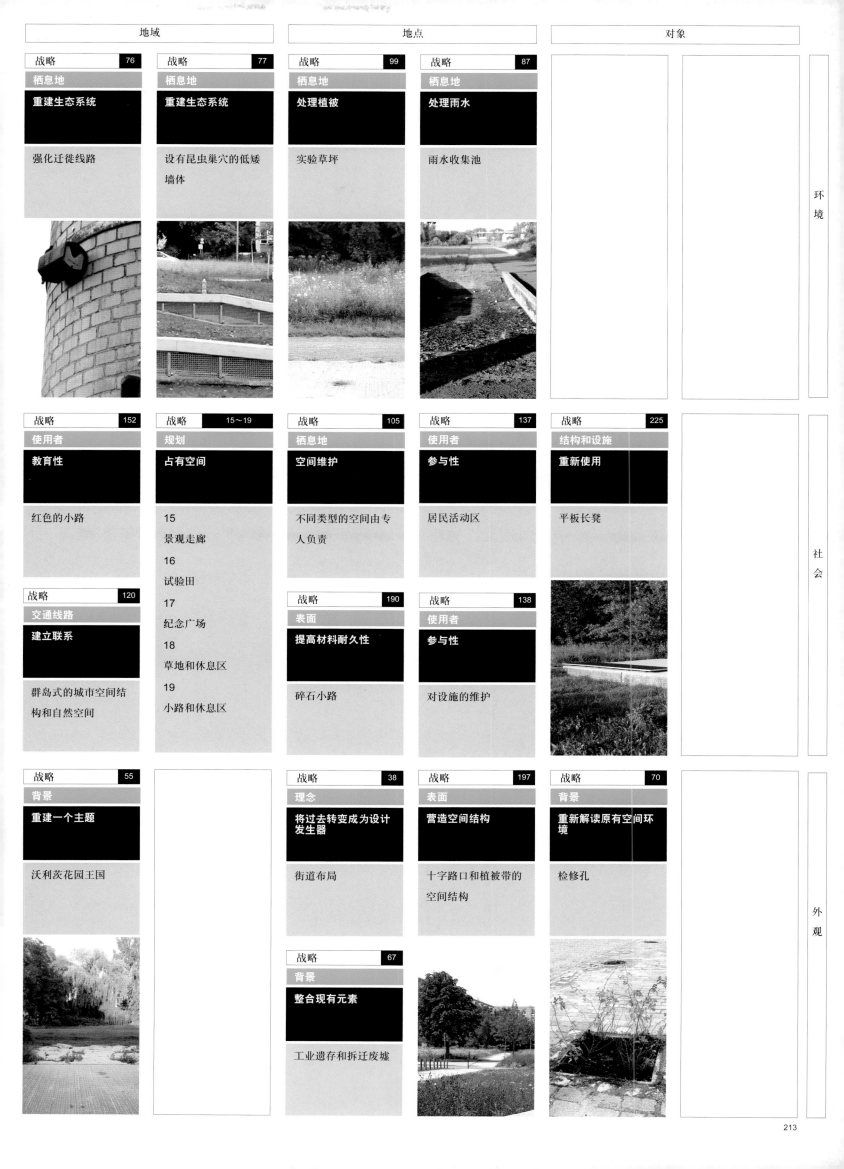

战略 77
栖息地
重建生态系统
设有昆虫巢穴的低矮墙体

战略 152
使用者
教育性
红色的小路

战略 120
交通线路
建立联系
群岛式的城市空间结构和自然空间

战略 15～19
规划
占有空间
15
景观走廊
16
试验田
17
纪念广场
18
草地和休息区
19
小路和休息区

战略 55
背景
重建一个主题
沃利茨花园王国

地点

战略 99
栖息地
处理植被
实验草坪

战略 87
栖息地
处理雨水
雨水收集池

战略 105
栖息地
空间维护
不同类型的空间由专人负责

战略 190
表面
提高材料耐久性
碎石小路

战略 137
使用者
参与性
居民活动区

战略 138
使用者
参与性
对设施的维护

战略 38
理念
将过去转变成为设计发生器
街道布局

战略 67
背景
整合现有元素
工业遗存和拆迁废墟

战略 197
表面
营造空间结构
十字路口和植被带的空间结构

对象

战略 225
结构和设施
重新使用
平板长凳

战略 70
背景
重新解读原有空间环境
检修孔

环境

社会

外观

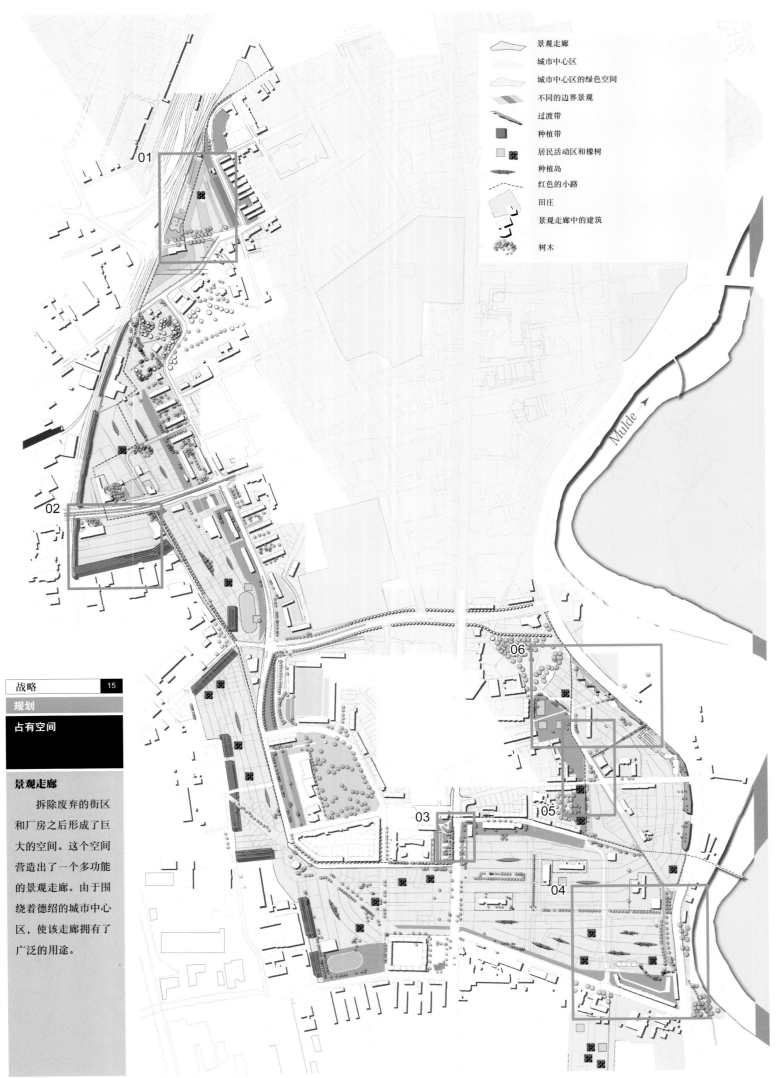

景观走廊

　　拆除废弃的街区和厂房之后形成了巨大的空间。这个空间营造出了一个多功能的景观走廊。由于围绕着德绍的城市中心区，使该走廊拥有了广泛的用途。

景观走廊
城市中心区
城市中心区的绿色空间
不同的边界景观
过渡带
种植带
居民活动区和橡树
种植岛
红色的小路
田庄
景观走廊中的建筑

树木

Mulde

试验田

    这片土地上之前有一处运煤码头、一座啤酒厂和一座肉类制品厂，现在这片土地转变成了一片草地，拥有不同的植物种类、不同的种植密度和土壤类型。

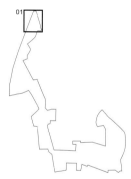

01

01 放大图

居民活动区

　　当地的一家自行车俱乐部为小轮车运动打造了一个压实的土丘轨道。

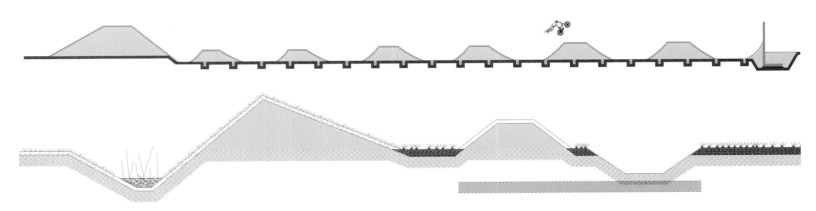

居民活动区

碎石小路

　　用碎石铺砌的小路将试验田一分为二，这条小路的存在使人们穿过这片土地的时候不至于踩到泥土里。还有一条夯实的用砾石材料铺砌的小路，供人们骑着自行车穿过。休息区的表层也使用了夯实砾石材料进行装饰。

规划

占有空间

背景

重新解读原有空间环境

试验田

　　这片土地上之前曾有一座化工厂和一座发电站，现在被野草、成排的大树和灌木丛所覆盖。

检修孔

　　进入化工厂下水道的检修孔如今被盆栽土所填满，成了新栽种的野蔷薇的花坛。

02放大图

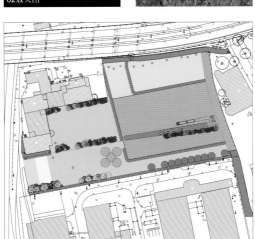

纪念广场

在历史悠久的市中心的一座布满沙砾的广场上，为了腾出足够空间来展示罗马遗存，拆除了原来的几座建筑结构。

03放大图

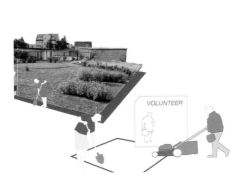

栖息地

空间维护

使用者

参与性

不同类型的空间由专人负责

整个设施分成了五个不同的区域，有不同的维护级别和维护所需工具类型。市民、园艺工作人员以及使用大型农具的当地农民均可以参与到空间维护之中。每个空间都是不同的维护者参与的结果。

对设施的维护

设计师使用红色的木材圈起了几处面积为20 m×20 m的封闭空间，在这些区域内，街区居民和志愿者可以自由加入到空间设计、植物种植和空间维护之中。

EXTERN

INTERN · STÄDTISCH

PATEN

VOLUNTEER

栖息地

重建生态系统

强化迁徙路线

　　走廊与周边环境的自然空间联系在一起，可使动物们自由地通过这片空间。

Hot spot

Adresse

Bewegungsfelder

使用者

教育性

红色的小路

　　围绕城市中心区打造的小路和新建的景观走廊可以使经过这里的人们了解这片土地的过去和现在。因为沿道路设置的一系列的柱子不仅有自己的朝向，还设置了文本和图片，可为人们指引方向，帮助人们了解有关这里的一些信息。

草地和休息区

靠近Neunendorf大街的这一片草地上，曾经矗立着五座建筑。现在仍然有一些建筑需要被拆除，（参见下图所示）。

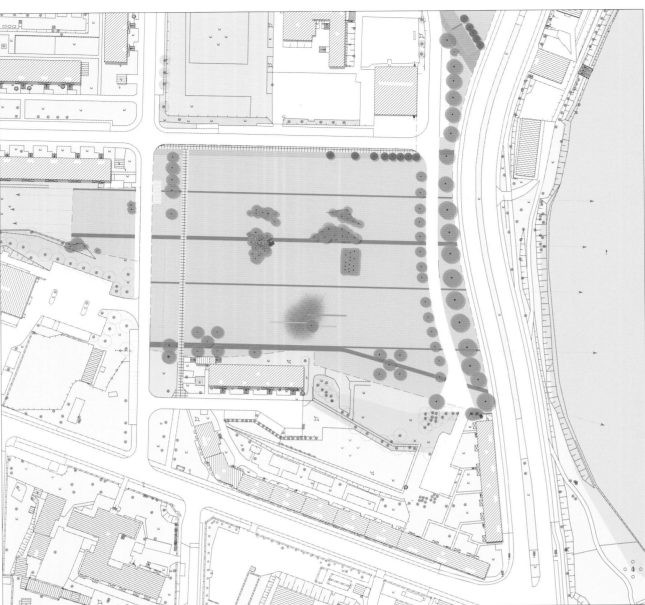

04放大图

草地和休息区

栖息地

重建生态系统

设有昆虫巢穴的低矮墙体

位于中央的三座矮墙在不同类型草地的映衬下显得格外醒目。有金属网罩保护的由木材及木屑填充的镂空墙体的底座，可作为昆虫的巢穴。

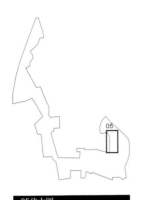

05放大图

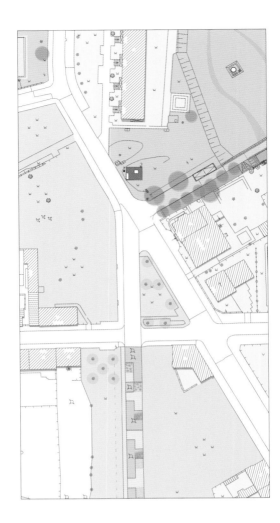

理念

将过去转变成为设计发生器

街道布局

　　Gaeten街道和建筑已消失。为了尊重原来使用大型正方形板材的空间结构，设计师对老街进行了精心整修，设置了草地、灌木丛和薰衣草园地等。

背景

重建一个主题

沃利茨花园王国

　　在18世纪，德绍周边地区的景观进行了整体设计。沃利茨花园王国围绕着河畔平原、堤坝和城市中心区展开设计。设计是基于恢复周边的自然环境、较低维护费用和加建一些特别的建筑构造。这些原则和各种景观元素最终在人们眼前呈现了一条崭新的景观走廊。

表面

营造空间结构

十字路口和植被带的空间结构

　　地块上有几条沥青马路纵横交错，还栽种着一排排的大树。沿道路一侧是一处切割整齐的草坪。更远一些的地方是不需要太多维护的野生草地。

实验草坪

　　空间的植被种类混杂多样，对除草方式和操作人员的要求也各不相同，使这片土地拥有了多样化的功能。因为所有的种子均来自本地，所以能极好地适应当地气候。

规划

占有空间

小路和休息区

该地块上之前曾有一座牛奶制品厂、一所学校和管理性建筑。

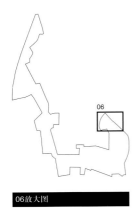

06放大图

结构和设施

重新使用

平板长凳

原有空间结构的残余部分成为金属座椅的支撑结构，其拥有可循环利用的橡胶表层。

背景

整合现有元素

工业遗存和拆迁废墟

  原有牛奶制品厂的大烟囱成为鸟巢的支撑结构。建筑被拆除后的痕迹、地基板材和一些历史悠久的保留建筑作为草坪的嵌入式结构元素，展示出其狂野的一面。

栖息地

处理雨水

雨水收集池

  地块上的洞口结构便于雨水收集，并营造出了临时性的小生态系统。

克里夫顿山铁路

编者按

　　将墨尔本市中心与北部城区联系起来的铁路交通日益繁忙，这就需要在相同线路的平行位置加建一条铁路轨道，以提升运力。历史悠久的建筑结构得以保留并被改造。

　　加建这条铁路线路还可使周边的空间环境大为改观。该项目的设计涉及铁路周边环境的升级改造，出新的应用功能。空间交叉区的景观大为改观，行人通道和自行车道的状况也实现了很大改善。

地块面积：	36 000 m²
项目造价：	60元 / m²
项目地点：	澳大利亚，墨尔本
项目时间：	2011年
项目设计：	Jeavons Landscape Architects

地域		地点		对象		

环境

战略 113		战略 78	战略 100		
栖息地		栖息地	栖息地		
土方工程		**重建生态系统**	**处理植被**		
减少项目对周边环境的影响		重新栽种上本土物种	清除杂草		

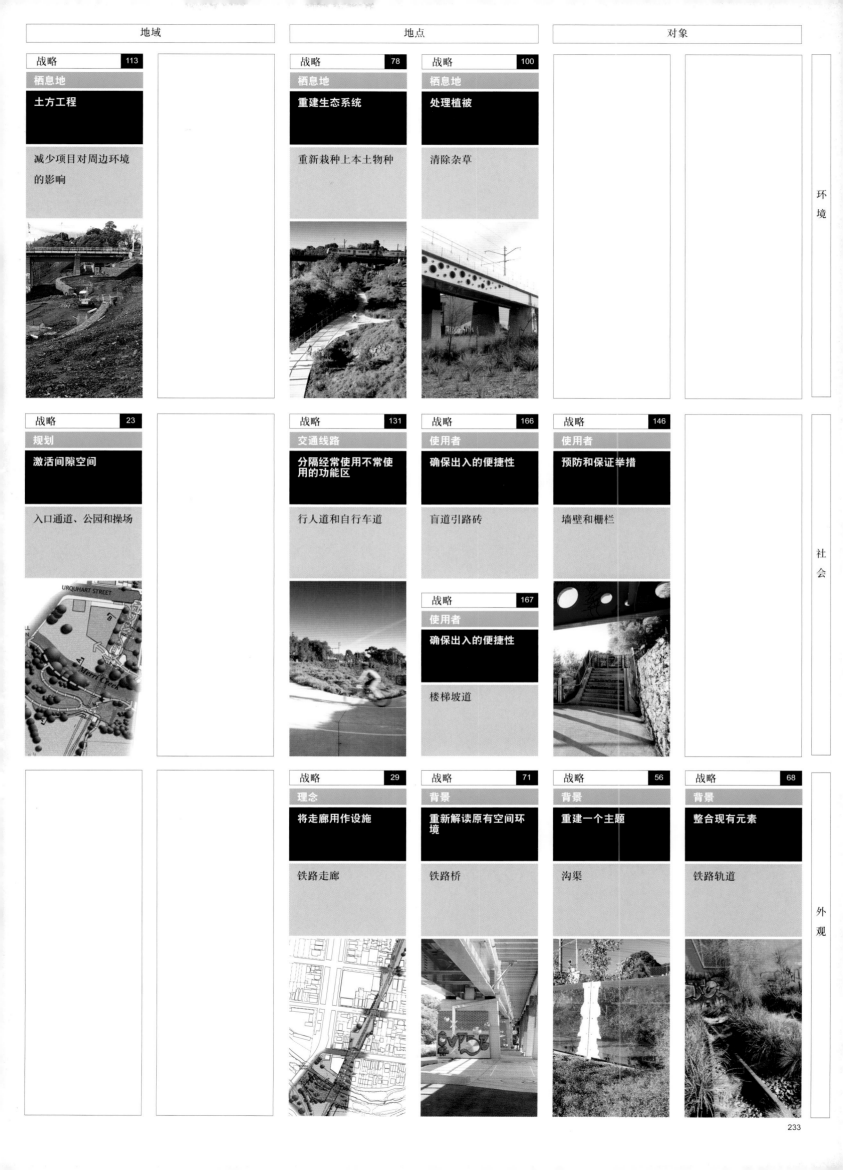

社会

战略 23		战略 131	战略 166	战略 146	
规划		交通线路	使用者	使用者	
激活间隙空间		**分隔经常使用不常使用的功能区**	**确保出入的便捷性**	**预防和保证举措**	
入口通道、公园和操场		行人道和自行车道	盲道引路砖	墙壁和栅栏	

URQUHART STREET
Merri Creek

	战略 167	
	使用者	
	确保出入的便捷性	
	楼梯坡道	

外观

战略 29	战略 71	战略 56	战略 68
理念	背景	背景	背景
将走廊用作设施	**重新解读原有空间环境**	**重建一个主题**	**整合现有元素**
铁路走廊	铁路桥	沟渠	铁路轨道

规划

激活间隙空间

入口通道、公园和操场

为提升环境的整体性能，设计师对沿梅里小溪的行人通道和自行车道进行了重新设计，对通往火车站的入口通道和其他位置的行人通道进行了升级改造。在这些线路的下方，是掩映在绿色大背景下的运动区和操场。

战略	29

理念

将走廊用作设施

铁路走廊

这座公园位于一个被列入遗产名录的老旧铁路桥的沿线，有一座桥梁与其并行设置。新建的建筑设施使得人行通道实现了升级改造，这条通道一侧为几栋建筑，另外一侧是一条沟渠。

战略	100

栖息地

处理植被

清除杂草

桥下走廊的杂草被清除，为栽种本土植被留出空间。

战略	78

栖息地

重建生态系统

重新栽种上本土物种

设计师对梅里小溪两岸的区域进行了改造：土层进行了防护处理以避免水土流失，栽种了48 000棵本土植物，重建了原有植物群落的空间结构和布局。在陡峭的坡地上栽种了灌木，而靠近水域的地方则栽种了高大的乔木。这样操作的目的是为避免树木的阴影投射在灌木丛上，从而减少生物多样性。

栖息地

土方工程

**减少项目对周边环境
的影响**

　　在堤防改造过程
中，为减小工程对溢
流的影响，设计师制
定了一项专项计划，
自行车道的线路也进
行了调整以便其继续
供人们使用。

235

背景

重新解读原有空间环境

铁路桥

铁路桥的位置可以帮助确定运动区和操场的布局及空间面积。桥梁营造出了阴凉，使下面空间免受太阳暴晒，而柱廊也有装饰这个空间的作用。

使用者

确保出入的便捷性

盲道引路砖

交叉处空间使用楼梯和轮椅坡道进行了升级改造。每个交叉路口均有屏障作为防护措施，而铺地的设计是为了方便那些视力受损的人士。

使用者

确保出入的便捷性

楼梯坡道

混凝土凹槽的设置方便人们将自行车推上去，解决了陡峭坡道产生的一些问题。

使用者

预防和保证举措

墙壁和栅栏

进入铁路线路的入口被限制在有限的几个位置。围绕铁路线路的其他位置均有墙壁作为防护，外部覆以玄武岩饰面（这种石材在当地的很多建筑立面上都能看到），还有一处金属栅栏。

背景

整合现有元素

铁路轨道

铁路轨道的一部分得以保留，用碎石填满，并种植上很多本土植物。

背景

重建一个主题

沟渠

坡道和楼梯的饰面重新打造出了沟渠的整体形象，沟渠与小溪的堤岸相接。墙壁使用破损的护墙板进行装饰，护墙板所使用的是当地的玄武岩。防护性的屏障使用的是当地的镀锌钢板和有孔耐腐蚀钢板。

弯曲式

分隔经常使用和不常使用的功能区

人行道和自行车道

通过对堤岸进行改造打造出的坡道可以与自行车坡道联系在一起，又通过混凝土坡道的有色标志和行人通道分隔开来。

狮园

编者按

作为一个教育项目，Rural Studio 致力于市民参与和自身建筑赋予未来的建筑师一种需求，将所学技能回馈给整个社区。

阿拉巴马格林斯博罗市有一座供年轻人做运动的公园。然而，当地居民意识到，原来的布局需要进行改善，于是他们联系了 Rural Studio，制定了一项改造计划。最终，该项目由奥本大学的学生进行规划，整个工程分成四个阶段。

地块面积：	161 874 m²
项目造价：	-
项目地点：	美国，格林斯博罗市
项目时间：	2010年
项目设计：	RURAL STUDIO

战略 114
栖息地
土方工程
循环利用的景观

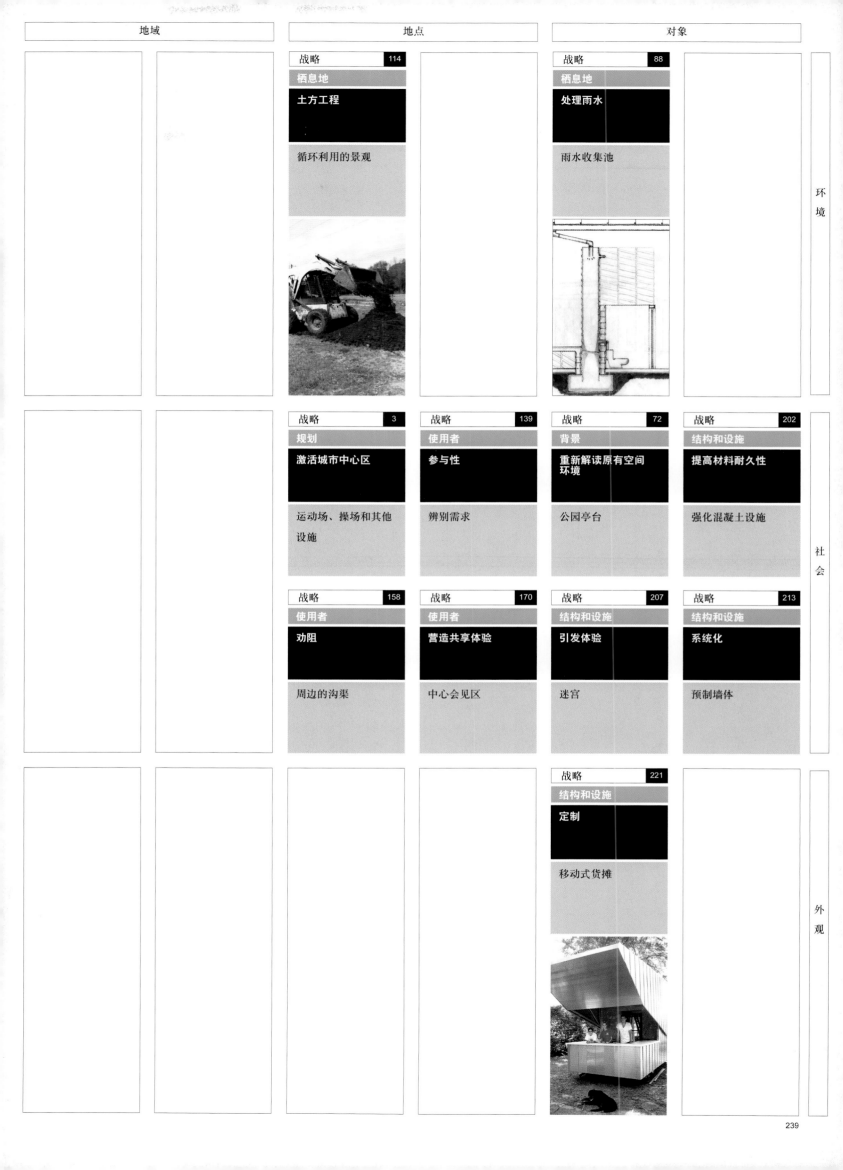

战略 88
栖息地
处理雨水
雨水收集池

环境

战略 3
规划
激活城市中心区
运动场、操场和其他设施

战略 139
使用者
参与性
辨别需求

战略 72
背景
重新解读原有空间环境
公园亭台

战略 202
结构和设施
提高材料耐久性
强化混凝土设施

战略 158
使用者
劝阻
周边的沟渠

战略 170
使用者
营造共享体验
中心会见区

战略 207
结构和设施
引发体验
迷宫

战略 213
结构和设施
系统化
预制墙体

社会

战略 221
结构和设施
定制
移动式货摊

外观

| 使用者 | 规划 |

| 参与性 | 激活城市中心区 |

辨别需求

面对着公园每况愈下的状况，使用者们决定成立一个委员会，方便与Rural Studio联络，开展整修项目。Rural Studio从私人基金会为该项目争取到了很多资金支持。

运动场、操场和其他设施

整修公园项目包含四处棒球场地、滑冰场地、儿童游乐场和几处足球、排球场地。这里也新建了很多休息室、入口通道、设施和移动摊位。

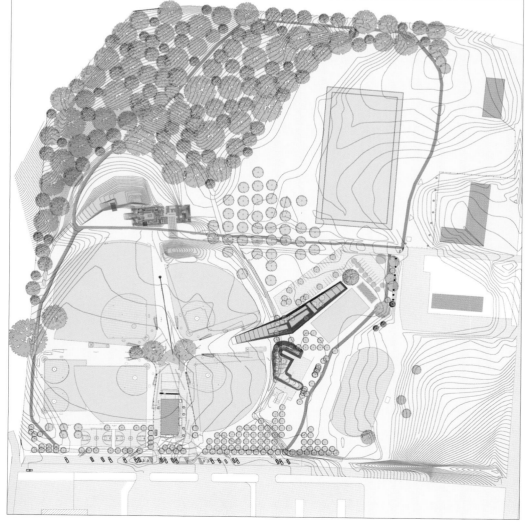

使用者

营造共享体验

中心会见区

　　棒球场原有的布局发生了变化。新建区域的击球区围绕着一处被称作"大中心"的空间展开。这样，所有的观众都可以聚焦在同一点上。陪孩子来的家长都可以观赏所有比赛的同时，还能兼顾那些在不同场地上玩耍的孩子们。

使用者

劝阻

周边的沟渠

    长长的地块上所栽种的都是本土植物，避免车辆进入公园内部，确保严格意义上行人通道的功能。沟渠的设置可以避免使用者进入某些地段，而沟渠与地块边界的道路相平行，将各个点联系在一起。

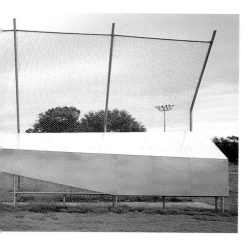

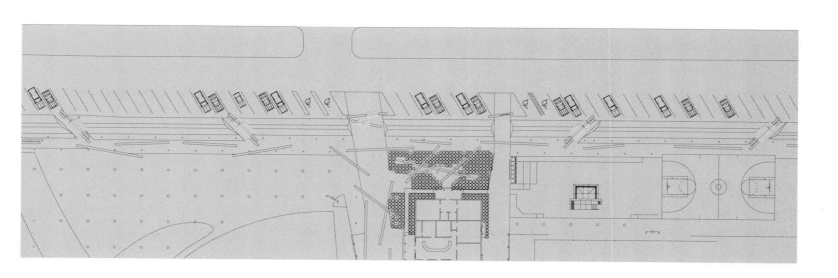

结构和设施

提高材料耐久性

强化混凝土设施

座椅、喷泉、垃圾箱、标志牌和照明设施均使用不同型号的钢筋混凝土打造而成。

公园中这些设施的存在促使各具特色的各种设施拥有了一种统一性。

战略　　88

栖息地

处理雨水

战略　　213

结构和设施

系统化

雨水收集池

　　储存在水池中的雨水被重新应用到了洗手间。这些水池使用镀锌钢管道打造而成。这些水池位于洗手间的后部，是楼梯的大背景。

预制墙体

　　洗手间墙体使用在工厂打造好的混凝土墙体组建而成，使用起重机进行现场安装。这样的设计体系意味着可以减少安装时间，并大幅降低费用。

公园亭台

　　建筑所处的位置确保其能够融入中心活动空间之中。原有的顶棚下设置了新的洗手间、储藏室和靠近棒球场的活动场地。

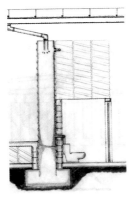
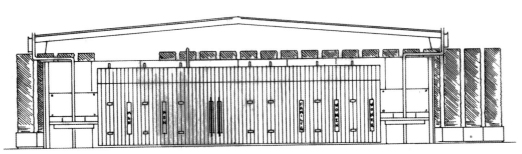

移动式货摊

一年中每种活动的举办时间都不同，在公园中开展的地点也不同。这样，可以四处移动的移动式货摊便成必有的设施。货摊安装有液压轮，可打开屋顶。

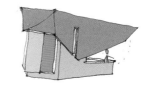

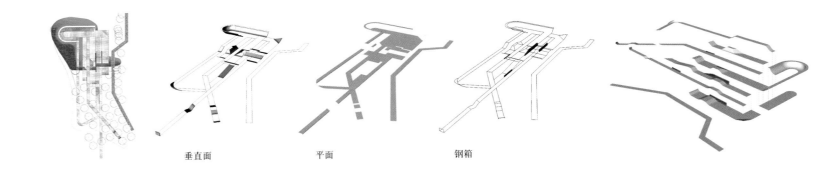

垂直面　　　　　　平面　　　　　　钢箱

栖息地

土方工程

循环利用的景观

　　打造足球场时产生的土方被用来打造滑板公园。这样，混凝土被限制使用在滑板区凹处平面和平行的入口地带。

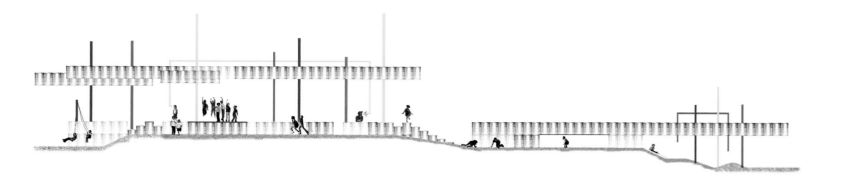

结构和设施

引发体验

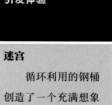

迷宫

　　循环利用的钢桶创造了一个充满想象力和创造力的空间。在这里，可以进行物理活动（跑跳、攀爬等）和感官活动（彩色能发声的管道，或平坦或起伏的平面）。

从未存在过的城市

探讨处于过渡时期的都市景观的设计战略

介绍人：CHRISTOPHER MARCINKOSKI
项目设计：JAMES TENYENHUIS & ALEJANDRO VÁZQUEZ
ADVANCED OPTION工作室，2011之春，景观建筑设计大师
宾夕法尼亚大学设计学院
批评家：CHRISTOPHER MARCINKOSKI，助理教授

"过剩的空间提供了新的可能性，然而因为空间重新利用长期可行方案的缺乏，使得空间被一些短期活动所占用，同时，对这些空间项目感兴趣的团队通常资金力量也极其有限。他们探索新的应用和新的合作方式，营造社会互动性，并赋予所发现的空间元素以新的文化意义，并不是每一个空间都能找到对其感兴趣的设计团队，一些短期活动空间的持续时间也极其有限。然而，有些时候，其却为长期项目的发展提供了可能。"

——Phillipp Oswalt，Shrinking Cities，第二卷 ①

人们通常很少会将在后工业时代挣扎的底特律、克利夫兰、曼彻斯特、利物浦、哈雷、莱比锡等城市与国际化大都市马德里联系在一起。然而，2008年的秋天，在马德里，乃至西班牙大部分城市，都面临着大范围的过度都市化进程以及近20年肆意发展的房地产投机带来的大片闲置土地，而随着当年金融危机的骤然来临，曾经高涨的资本市场瞬间坍塌②。 其结果就是，在像马德里这样的成熟都市周边地区，出现了大范围的、数目众多的烂尾工程和未完工的房地产开发项目；很多卫星城周边的一些全新的郊外住宅区，没有与之相称的人口入住，也没有适当的资金来源。在很多情况下，基础设施工程、火车站台和公共公园以及公路等工程都没有完工或者直接被废弃，产生了令人感觉模糊而又熟悉的都市符号，就像巨人德鲁伊在伊比利亚景观中画下的麦田中的怪圈。

在未来几十年，在城市发展规划和城市人口爆炸式增长的大背景下，不管是在欧洲、南美，还是诸如中国、印度、巴西一类的新兴国家，都存在着一个明确而又迫切的需求，即探讨城市化（发展中的都市化、衰退中的都市化以及停滞的都市化）的过渡，研究灵活、适时的战略举措。事实上，只需看看中国中西部地区数目众多，且仍在增长中的大型开发项目③，或者是美国"阳光地带"地区的过度建设，就可理解，尽管有最好（或最坏）的意图、人口统计分析和经济分析、优质的规划和设计方案，但是通常来讲，城市化建设或者房地产发展是一种投机性尝试，需要暂时性的短期战略举措，以确保最终获得长期成效。

上文提到的北美、北欧等遍及各地的空间闲置、废弃状态被人们称为"萎缩的城市④"。这会使人们直接联想到20世纪中后叶发达的工业经济和制造经济所遭受的一些损失。这进而导致了人口的大批撤离，以及用以支撑都市区市政基础设施的税收的大幅减少。以西班牙为例，这些闲置或者烂尾的城市地块从未完全竣工或者被完全利用起来，本质上讲，从城市化的角度来看，这些空间从未真正存在过。然而在北美或者北欧，类似的地块起码在某一时刻正常运转过，而这些西班牙的地块却从未取得过城市层面的成功，也从未有过市政成就的记录，未来的发展也就无从说起，这也就是人们口中所说的"鬼城"。然而基于这些地块在建成之前就搁置的现实，或许可以给它们起一个更为贴切的名字——从未存在过的城和镇。

基于这一区别，我们现在面临着这样一个问题：是否存在可在两者之间分享的战略举措和手段，尽管其可能拥有一些基础性差别？尽管比起中世纪的后工业化时代，现代都市的发展速度更快，而且基于不同的经济、社会和城市环境，但是人们还是可能会认为这些西班牙的卫星城与北美、北欧萎缩中的城一样面临很多类似的挑战，因此，可以将两者放在一起进行探讨。尤其是，两者都面临如下挑战：（1）研究、探讨超大型的城市基础设施，而人们却可能永远不能付诸实践；（2）建成设施可能会因为靠近烂尾或者闲置地块而带给人一种总体破败的观感；（3）烂尾或者闲置地块（以西班牙住宅项目为例）被整个废弃，并且在很长时间内都毫无生机可言；（4）在城市项目和基础设施网络结构之间涌现了大批闲置或者非地块空间；（5）清除本土植被以及野生动物栖息地之后所产生的大片生态环境碎片以及环境恶化、为打造建筑而对泥土进行的过度夯实处理，以及大批应用性项目使城市空间变得密不透风。

外围空间的机会主义

2011年春天，我在宾夕法尼亚大学设立了一个研究景观建筑与城市设计的工作室，主要是探讨马德里北部边界地区查马丁铁路站场的重新开发⑤。在工作室进行的初步分析阶段，比较明确的一点是，基于现在的全球化经济环境，查马丁项目的可行性令人质疑，故而，需要探讨一些临时性的短期城市空间战略举措。所以就成立了一个团队致力于这方面的工作，这项工作最开始是在邻近查马丁地块的PAU⑥项目区开展。

Alejandro Vazquez和James Tenyenhuis所设计的这个项目，采用"外围空间的机会主义"设计策略，其源自于对马德里近期在城市边缘开展的企业家式的新型解读方式，将看似温和的空间环境、闲置地点和低效空间转变成为开展都市项目的潜在空间。项目的起始点是对设施进行分门别类——艺术区、运动区、机器、材料仓库等，可将其利用起来以赋予空间鲜明特色、活动、管理职责以及新的应用，这些对于空间来讲是其从未有过的。这些设施在规模和持续时间方面各不相同，诸如短期标志性空间、引导标示空间结构等，或者是持续时间更长的、资本集中性的设施，像可再生性能源基础设施或市政空间，比如图书馆、社区中心等。短期项目，比如社区花园、儿童游乐场、运动场地及活动平台等，都有可能发展成为长期或永久性的设施。但是基于有限的资金以及开展实施所必需的物理干涉，这些项目可能会被轻易拆除、迁址或者废弃，这些均有赖于项目的成功水平。

尽管这些项目和活动空间拥有这样的范围，以及开展实施项目所需要的介入水平，两位设计师方案中的可持续性特点仍然希望能够使人们关注到外围地区中的闲置区域和未被开发的空间，以激发人们的兴趣和使命感，将这些区域打造成为可信赖的、令人满意的城市区。这些设施被视作是一种催化剂，当西班牙和全球经济开始复苏的时候，就可以打造出长期性永久项目，以及资本更为集中的项目。然而，他们并不敢推测这些资本能否及时到位。而且，这些设施致力于快速打造一些极具活力的、令人印象深刻的集体空间和活动区，对缺乏活力、生命力和特色的城市景观空间进行重新定位。就像Ecosistema Urbano设计事务所在Vallecas PAU所打造的生态大道项目，其对一些相似的空间环境进行了探讨。"外围空间的机会主义"致力于探索打造之前从未有过的空间感。Ecosistema Urbano所设计的项目更加有赖于建筑或者基础设施元素，而Alejandro Vazquez和James Tenyenhuis的项目却更为专业、更具灵活性和适应性——从本质上看，是为打造出富有活力和鲜明特色的暂时性景观空间。正是这种散漫的、非正式的、玩耍式的城市公共空间设计方法才使得项目如此引人注目。当代西班牙城市周边地区遍布着未完工的项目，而前面列举的这些策略为其提供了很好的思路，未来的城市景观设计也会从中受益良多。

①Phillip Oswalt, *Shrinking Cities*，第二卷（Ostfildern: Hatje Cantz出版社，2006），339页。

②想获得更多有关西班牙这方面的信息，请查阅: Suzanne Daley & Raphael Minder, *Newly Built Ghost Towns Haunt Banks in Spain*（《西班牙新建的鬼城》），《纽约时报》，发表于2010年12月17日，访问日期2011年5月31日，<http://www.nytimes.com/2010/12/18/world/europe/18spain.html?pagewanted=1&_r=1&partner=rss&emc=rss>; Aditya Chakrabortty, *Nightmare for residents trapped in Spanish ghost towns*（《困在西班牙鬼城中的人们的噩梦》），《卫报》，发表于2011年3月28日，访问日期2011年5月31日，<http://www.guardian.co.uk/world/2011/mar/28/residentstrapped- spanish-ghost-towns>; Leah Goldman & Gus Lubin, *Amazing Satellite Images Of Spanish Ghost Towns*（《绝妙的西班牙鬼城卫星图像》），BusinessInsider，发表于2011年5月27日，访问日期2011年5月31日，<http://www.businessinsider.com/spain-ghosttowns-satellite-2011-4>。

③想获得更多有关中国房地产市场泡沫可能性的信息，请参阅: Adam Johnson, *China Builds Desert Ghost City as 批评家 Warn of Bubble*（《中国打造沙漠鬼城，批评家提醒注意泡沫风险》），Bloomberg彭博社，发表于2011年5月16日，访问日期2011年6月6日，<http://www.bloomberg.com/video/69817240/>; Nouriel Roubini, *Beijing's Empty Bullet Trains: Is China investing way too much in its infrastructure?*（《北京空空如也的子弹头列车: 中国是否在基础设施上投入太多?》），Slate，发表于2011年4月14日，访问日期2011年6月6日，<http://www.slate.com/ id/2291271/>。

④"萎缩的城市"这一运动源自于由德国联邦文化基金会主导的一项活动，由Phillipp Oswalt主持，致力于促使人们认识到曾经繁荣的工业城市中经济衰退、人口数量萎缩的现状。该项工作以文件整理工作作为开始，设定了能展示这一"萎缩"理念的四个城市地区，并已发展成为将当代城市规划串联在一起的一条主线。

⑤在15年多的时间里，马德里一直致力于一项城市重建工作，将城市空间凝结在一起，打造成为欧盟第三大GDP都市经济体（位列伦敦、巴黎之后）。该项目被称为 Operación 查马丁，其提议将马德里北部边界区支撑查马丁火车站的废弃铁路站场打造成为全球闻名的城市区。目前来看，该项目将会打造26 000个新建住宅单元、1 000 000 m²的办公空间（14座超高办公大楼）、重建的查马丁高速火车站、地铁线路扩建以及超过50 hm²的高质量公共空间。该项目预计将花费110亿欧元，其代表着欧盟地区最大的城市改建项目之一。

⑥PAU（Programa de Actuación Urbanística）是西班牙城市规划的法定框架，展示了该区域的总体规划结构、土地应用和空间强度，并描述了整个项目的公共基础设施和分阶段进程。

设施区域

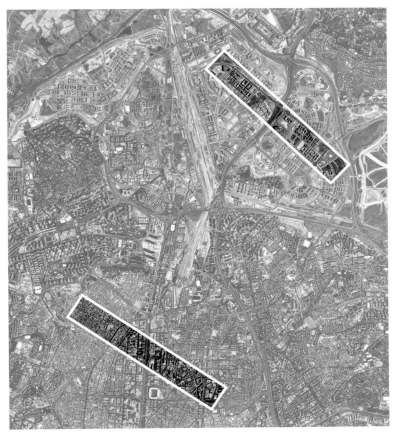

85% **15%**

59% **41%**

　　基于不良规划（规模过大的基础设施和土地利用政策限制了项目规划），过大的公共空间成为马德里周边区域的主要特色，这使新的空间设计更加必要，以对闲置、单调的空间进行改造。该项目提出了填充式的空间设计策略，以打造活动区和空间应用，而这些都是之前从未有过的。设计师提议的项目融合了多种临时性、中期性以及永久性的项目和活动空间，以打造新的社会交往空间和文化特色

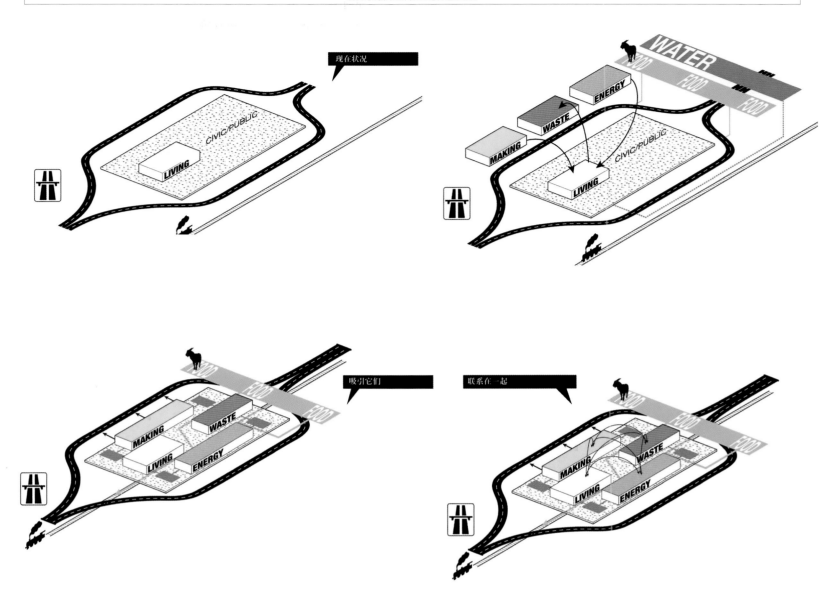

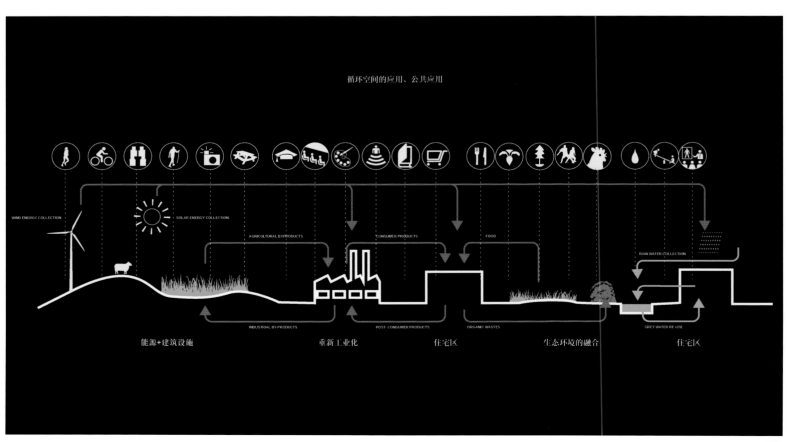

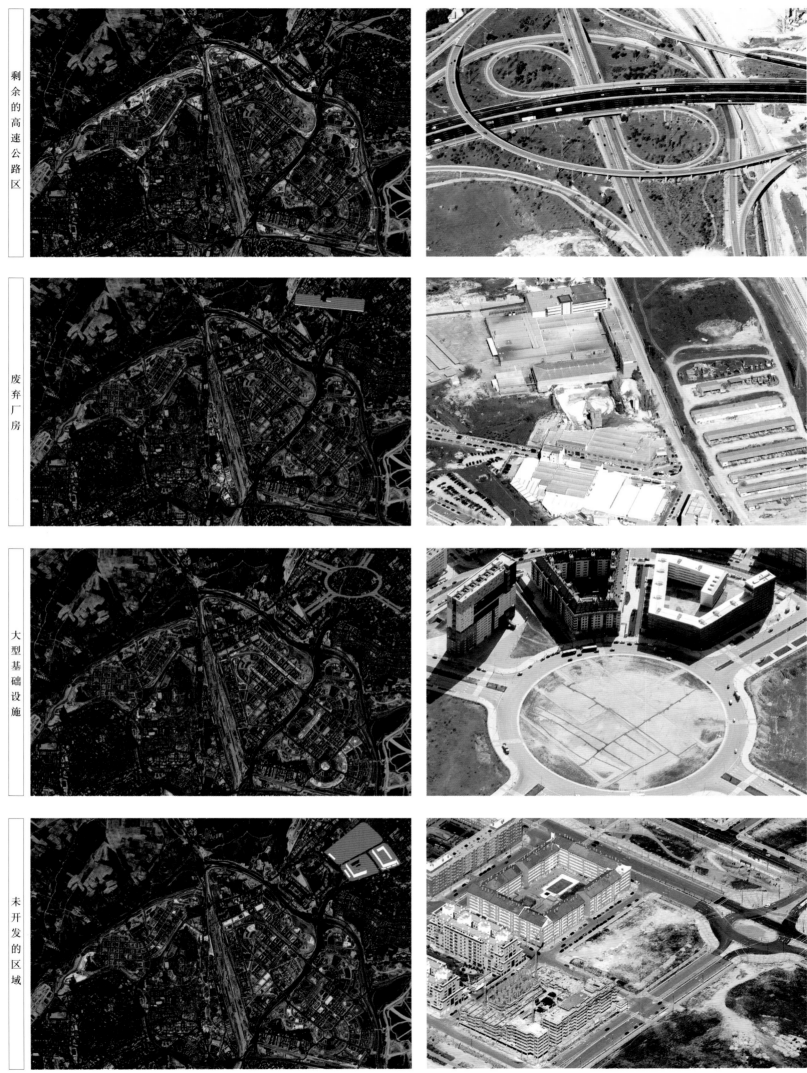

剩余的高速公路区

废弃厂房

大型基础设施

未开发的区域

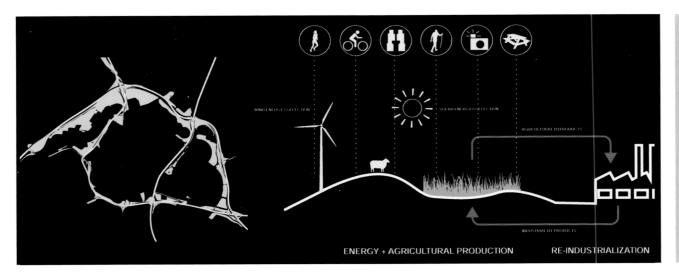

ENERGY + AGRICULTURAL PRODUCTION　　RE-INDUSTRIALIZATION

邻近M30和M40高速公路的空间进行了重新规划，考虑能源和食品生产方面的应用，尽量减小对娱乐休闲活动区的影响。

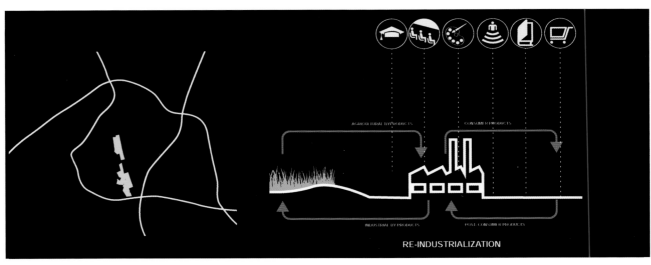

RE-INDUSTRIALIZATION

废弃的工业区都是一些新型的清洁工业，与住宅区毗邻而建。除此之外，新建的建筑可以用来设置新的文化中心或者教育性设施。

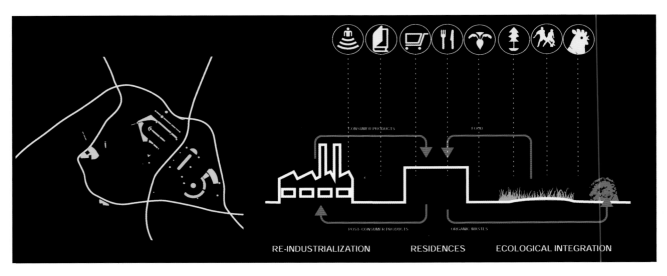

RE-INDUSTRIALIZATION　　RESIDENCES　　ECOLOGICAL INTEGRATION

在城市扩张规划阶段，大片的闲置空间均处于未规划状态，这就为这些地块提供了新的机遇，平衡其单一的功能角色，并打造新的设施、零售区或者新建一些公共空间。

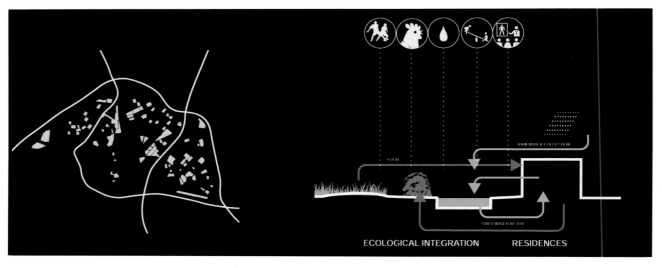

ECOLOGICAL INTEGRATION　　RESIDENCES

因经济衰退而闲置下来的大片空间可以用来打造水循环设施，并将食品、农牧业等融入住宅区和公共空间之中。

战略—原型

短期意识

软件基础设施

永久性设施

　　该项目的主要目标是打造出在财力上、社会上和环境上都自给自足的空间区域，其能够在马德里的空间网络内打造出自己独有的特色。基于此目的，设计师对各类短期、中期和长期性的设施提出了16个可能的战略举措。这些战略举措在可再生能源生产、水资源管理、食品生产以及废弃物循环利用等方面提出了很多极具预见性的措施。这些举措将致力于打造清洁工业、替代性移动体系和休闲设施。

　　该项目的重点集中在三个工作区，共采用了16项战略举措。所有这些都是为提醒公众注意到住宅区周边的闲置以及废弃空间。为了将这些信息传达给相关各方以及政府当局，可将小型的投资转变成为"软性"应用，其可作为将来建设长期项目的催化剂。

短期意识

软基础设施

永久性设施

1
表面处理

2
艺术+设计活动区

3
艺术创意

4
社区花园

5
畜牧业

6
运动场地

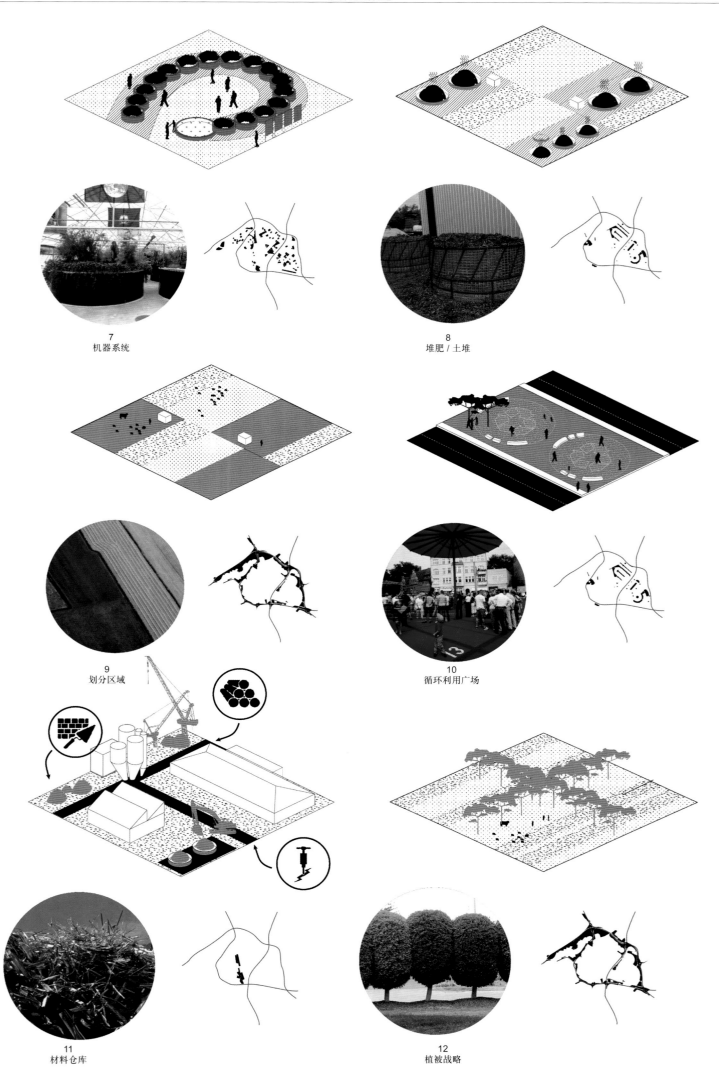

7
机器系统

8
堆肥 / 土堆

9
划分区域

10
循环利用广场

11
材料仓库

12
植被战略

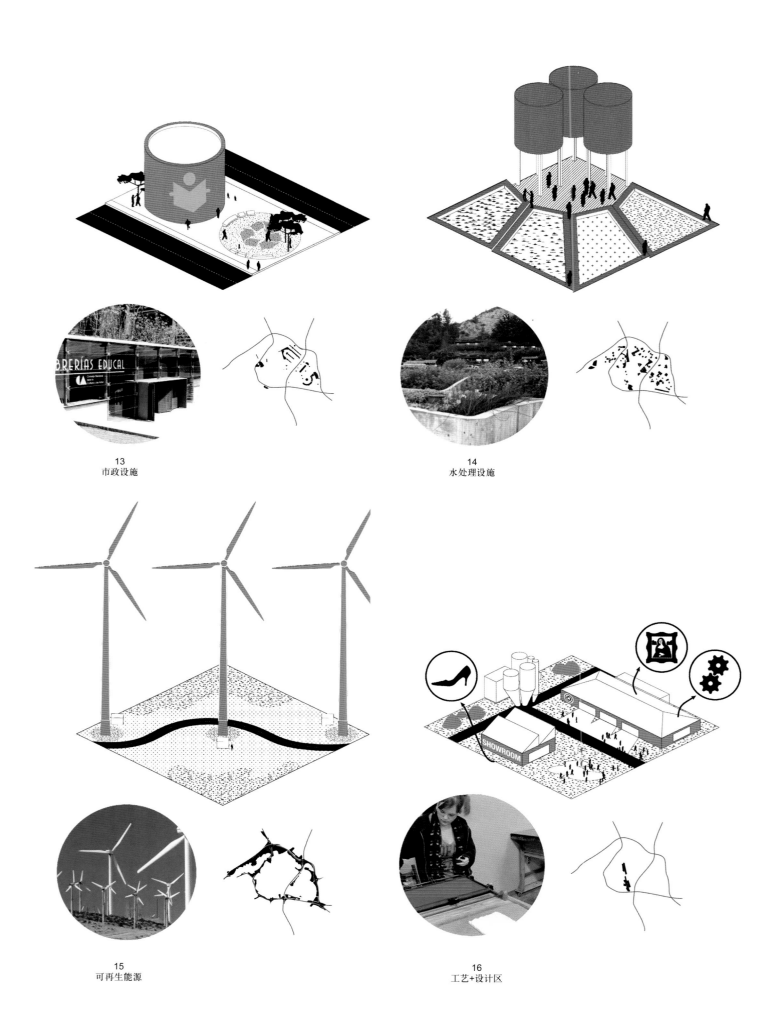

13
市政设施

14
水处理设施

15
可再生能源

16
工艺+设计区

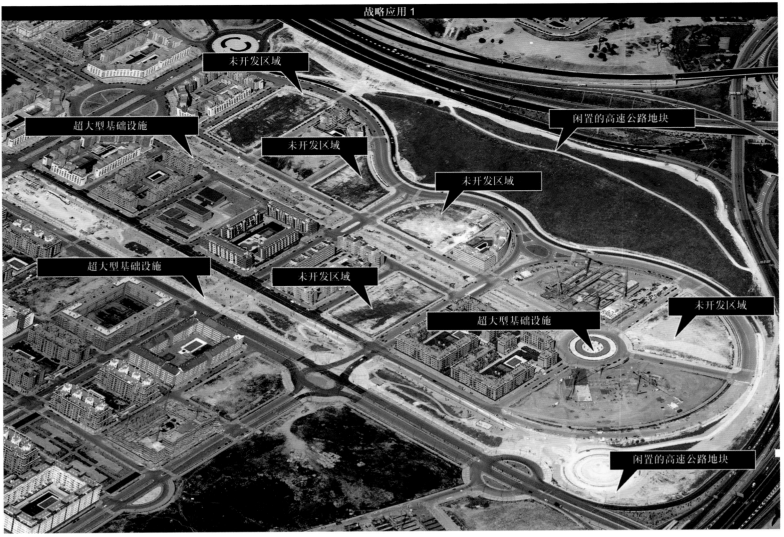

设施区域，12 000名居民，60%的闲置空间

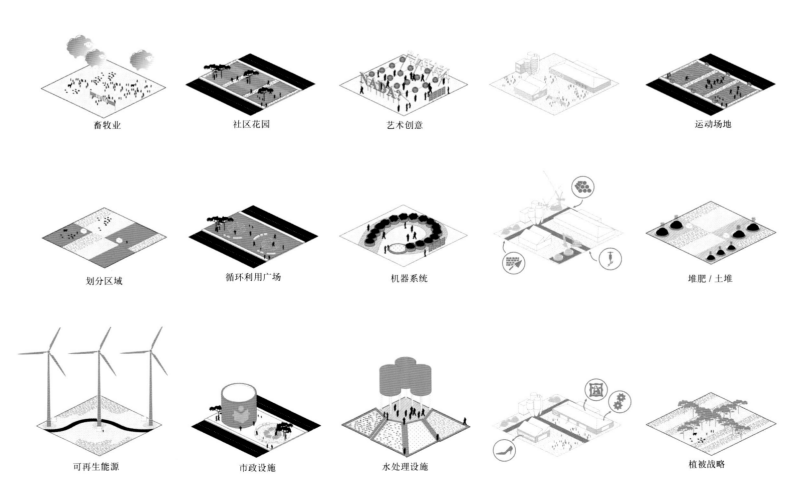

畜牧业　　　　　社区花园　　　　艺术创意　　　　　　　　　　　　运动场地

划分区域　　　　循环利用广场　　　机器系统　　　　　　　　　　　　堆肥 / 土堆

可再生能源　　　市政设施　　　　　水处理设施　　　　　　　　　　　植被战略

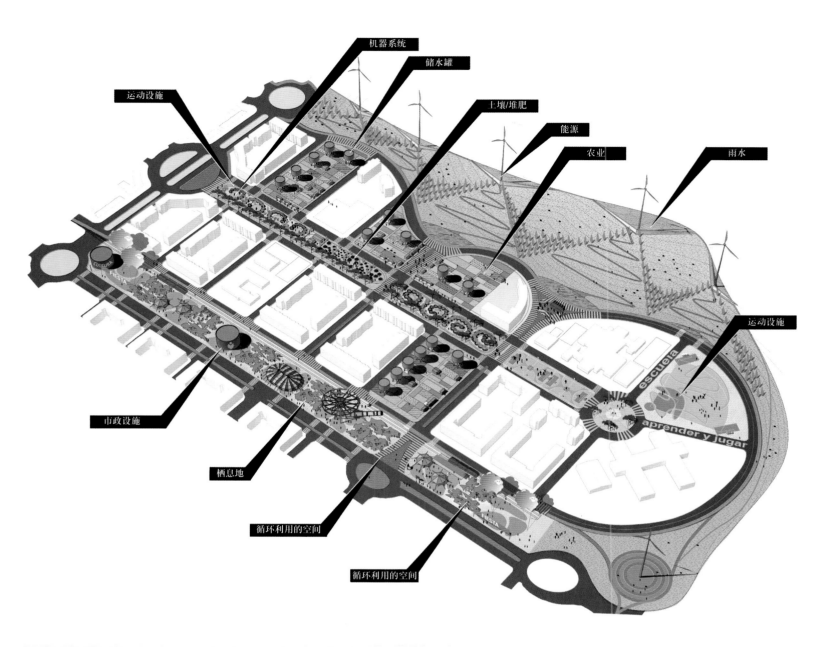

机器系统
储水罐
土壤/堆肥
能源
农业
雨水
运动设施
运动设施
市政设施
栖息地
循环利用的空间
循环利用的空间

现有状况

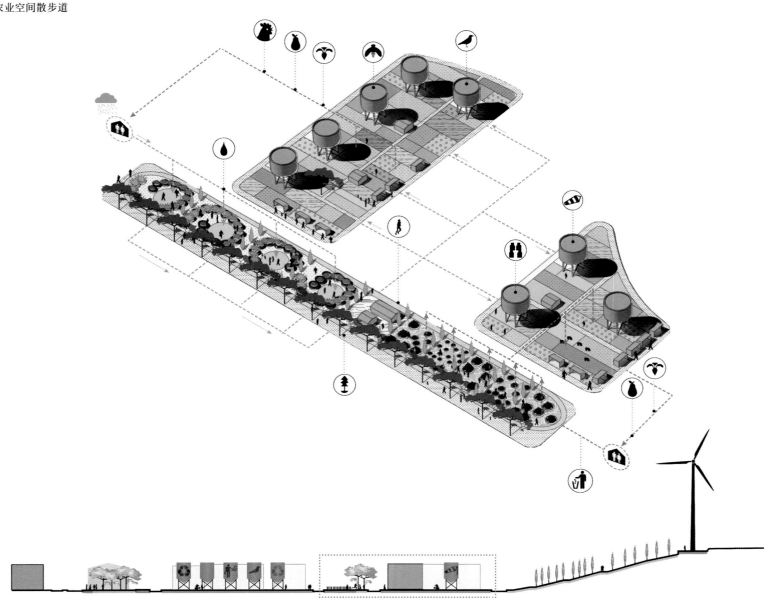

地中海松树走廊

多功能储水罐

社区堆肥环

跑道和自行车道

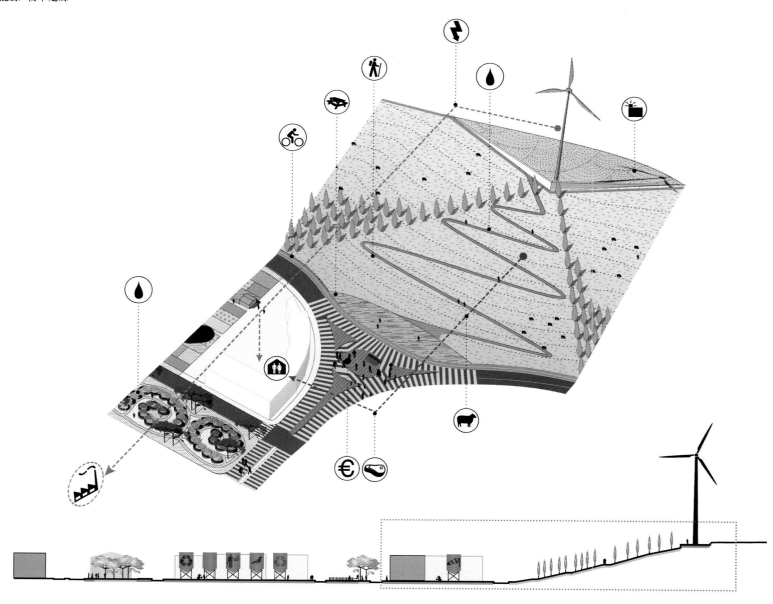

未开发区域

废弃厂房

废弃厂房

未开发区域

闲置的高速公路地块

未开发区域

设施区，400名居民，70%的闲置空间

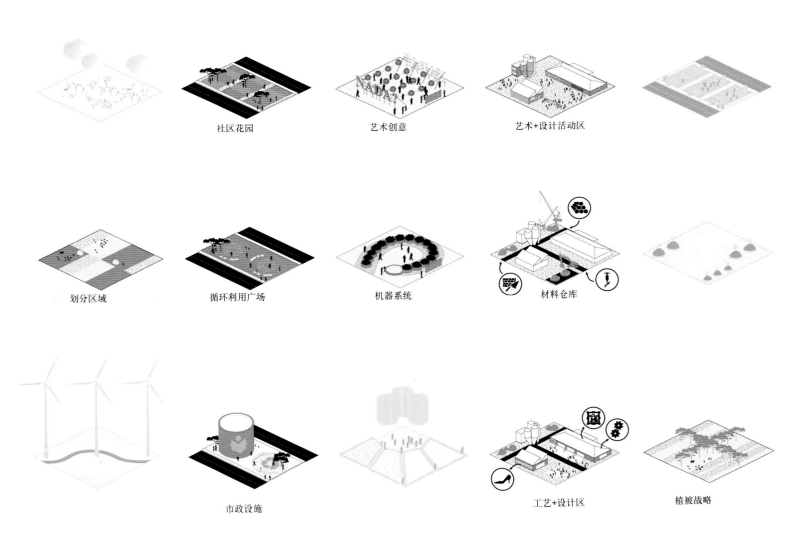

社区花园

艺术创意

艺术+设计活动区

划分区域

循环利用广场

机器系统

材料仓库

市政设施

工艺+设计区

植被战略

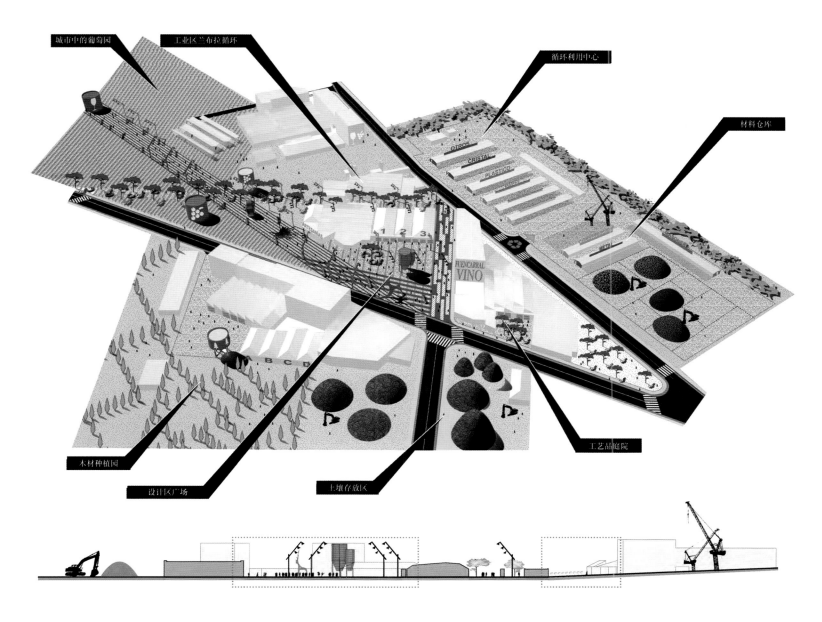

城市中的葡萄园
工业区兰布拉循环
循环利用中心
材料仓库
木材种植园
设计区广场
土壤存放区
工艺品庭院

照明设施
艺术创意
改造的设施
铺地走廊

新建的工业兰布拉大道

设施区，7000位居民，55%的闲置空间

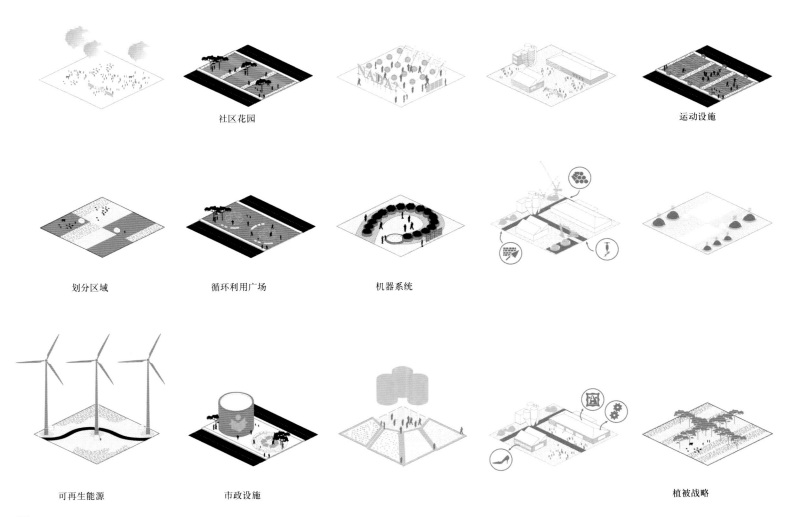

社区花园　　　　　　　　　　　　　　　　　　　　　　运动设施

划分区域　　　循环利用广场　　　机器系统

可再生能源　　　市政设施　　　　　　　　　　　　　　　植被战略

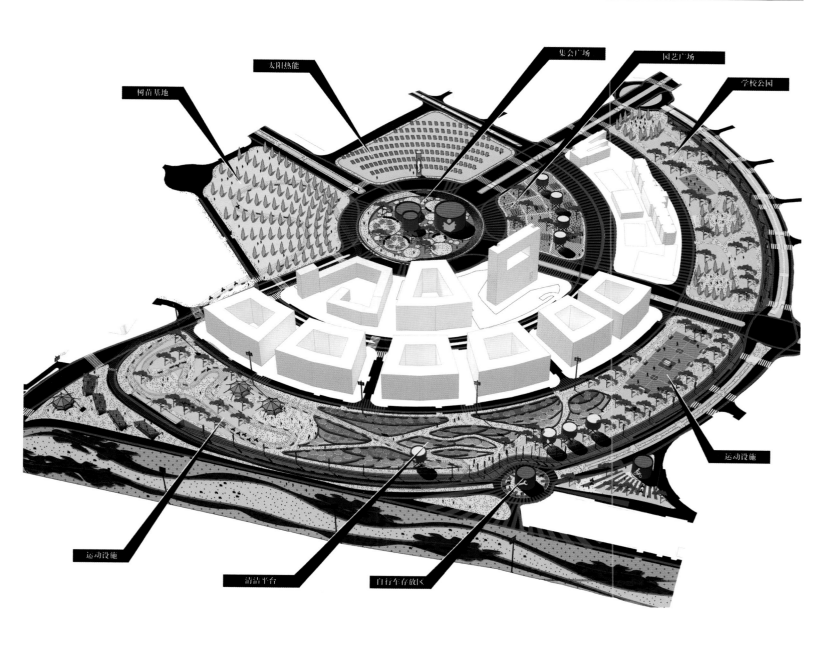

树苗基地

太阳热能

集会广场

园艺广场

学校公园

运动设施

运动设施

清洁平台

自行车存放处

现有状况

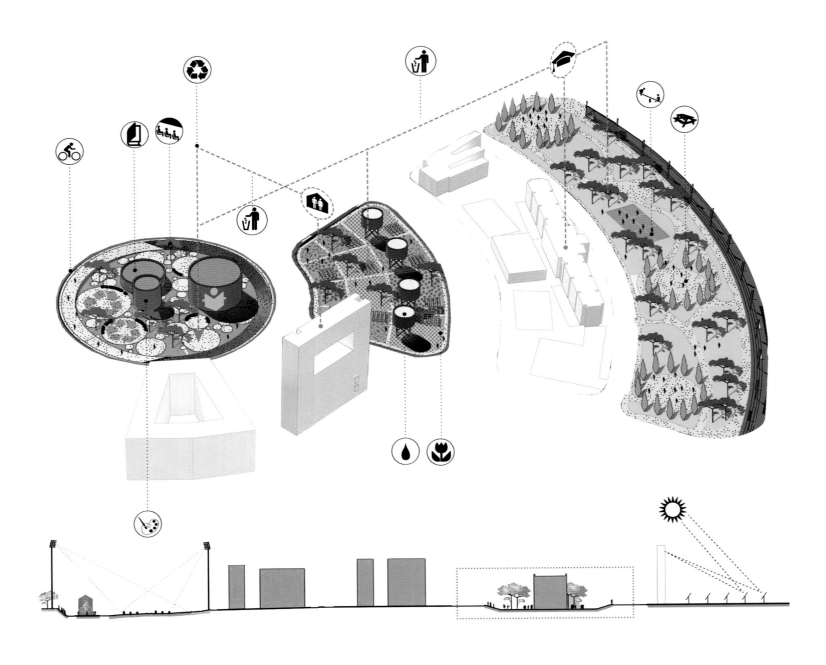

市政设施

太阳能气球艺术展

活动广场

新建的自行车道

集会广场

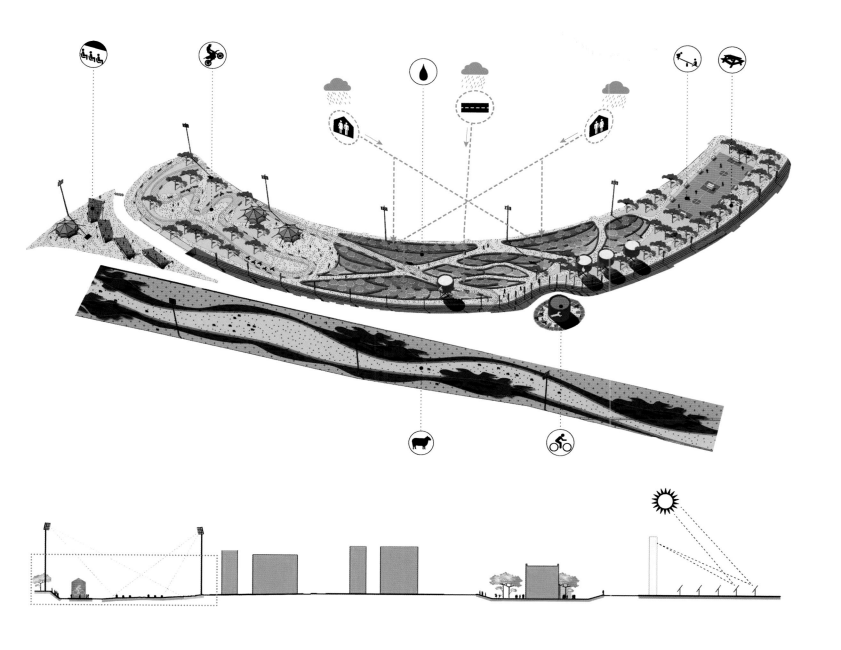

金属栅栏看台

自行车道艺术展

自行车修理区

新建的自行车道

Sportification - Motocross

运动设施——摩托车越野赛

第二章
战术

1 将无用之物重新利用起来

瞭望台

参与者：Coloco
地点：全球几个不同地方
时间：2001年

项目中许多设施运用的都是DIY的美学设计理念，使用的均是别人捐赠的、打捞出来的或者废弃的材料，尤其是货运集装箱、老家具、货板或轮胎等。这些元素打造出的共栖式的生态景观，看上去就像产自于机械厂房和街市，且与所处地块自然地融为一体。所谓的重新应用不仅仅是指那些曾经用过后被遗弃的物件或材料，也指那些城市中现有的但不使用的建筑结构，如废弃建筑的空壳。

当Coloco团队成员在里约热内卢发现这个废弃建筑O esqueleto时，他们意识到这些废弃建筑具有巨大的潜在价值。当地居民自己提出了将这些结构重新利用起来，应用到非正式的建筑结构中这样一个主意。Coloco致力在全球各地打造这种建筑结构，使其成为一种经济高效的空间设计方式，这对稠密的城市中心区来说是不可错过的一个机遇。瞭望台①展现废弃的城市建筑结构的崭新面貌，并充分考虑使用者的具体需求，使空间循环利用成为可能。

Seuls les enfants ont l'accès à la terrasse, sauf pour l'entretien des réservoirs d'eau.

印度尼西亚雅加达中心Brokelyn建筑。该项目占据了整座建筑的一层、二层和屋顶平台

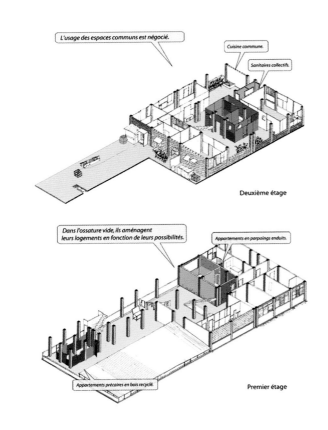

L'usage des espaces communs est négocié.

Cuisine commune.

Sanitaires collectifs.

Deuxième étage

Dans l'ossature vide, ils aménagent leurs logements en fonction de leurs possibilités.

Appartements en parpaings enduits.

Appartements précaires en bois recyclé.

Premier étage

---

①Coloco通过对废弃建筑结构的研究，将其打造为崭新空间，实现空间城市化。http://www.coloco.org/index.php?cat=squelettes。

2 费用低廉的自建建筑

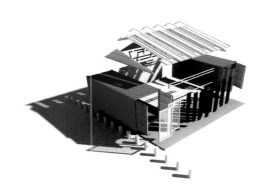

CAÑADA真实训练中心

参与者：Recetas Urbanas
地点：西班牙，马德里
时间：2009年

在马德里的Cañada真实训练中心，Recetas Urbanas和Todo por la Praxis两家建筑事务所与学习研讨会一起为年轻人建造了一处训练中心。该地块为私人所有，在尚未取得一致意见的情况下即被占用了。最初，作为一处非法项目，其致力于取得合法地位。该建筑是可移动式的，设计师力求将其打造为一座永久性建筑。项目所需资金均属自筹，开放时间尚不确定。但该建筑在建造过程中即打算对外开放，这是为避免在建筑竣工和使用者进入住户之间产生"停工期"。除了设计人员，该项目的实施还得到了很多志愿者的支持。

Recetas Urbanas的主要支持者Santiago Cirujeda这样说过："该紧急项目主要目的是支持自建项目的建设，在大多数的情况下，这些项目都基于极少的预算和自筹资金。除了材料从一个项目流向另外一个项目之外，也存在着各个团体之间的渐进式合作与互助模式①。"

---

①Recetas Urbanas，*Camiones, Contenedores, Colectivos*修订，塞维利亚，第42页。http://www.recetasurbanas.net/index.php?idioma=ESP&REF=6&ID=0041

3 农业城市

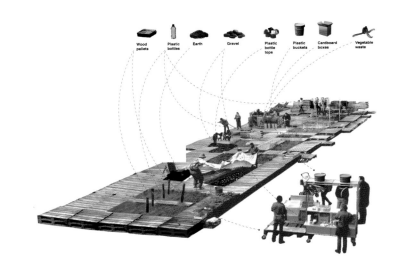

ECOBOX

参与者：Atlier d'architecture autogérée
地址：法国，巴黎夏佩尔
时间：2001年

体现城市创意的新项目包含了一些闲置空间和废弃场地，不过，将这些空间作为社区农业空间利用起来也是相当合适的。当地居民可以在这里度过闲暇时光，用自家的耕种用具，在这些空间中充分发挥其园艺知识和能动性。而在此之前，很少有人能意识到这些空间会有这么大的园艺价值和装饰价值。公共空间上开展的这些活动与传统规则以及过度消费相悖。该项目旨在展现对整个环境的清晰承诺。

托板建造社区是由Atlier d'architecture autogérée[1]打造的一个以营造生态城市空间结构为目标的项目。其最初是一个在城市滥建过程中用循环材料建造的临时性花园。后来，该项目正在成为城市活动的创意平台。

巴黎北部的夏贝尔区是一处绿色空间有限的区域，这处曾经的仓库被转变成为一处社区花园。一些简单的托板变成了种植床，居民们可自由选择自己喜欢的地块。自那时起，该地块重新对外开放，供社区举办各种活动。该项目致力于保存其"城市生态多样性"，并鼓励不同生活方式的和谐共存。

---

[1]Atlier d'architecture autogérée使用城市战术措施，鼓励当地人参与到废弃城市空间的自我管理、处理冲突、使用可逆项目避免定型空间并充分发掘当代城市的潜在价值（人口、可移动性和时序性等方面），http://www.urbantactics.org/homef.html。

4 改变现实的游戏

城市创建城市

参与者：PKMN
地址：西班牙，卡塞雷斯
时间：2008年

这些设施极具趣味性、随意性且富有活力，是开展实验的好地方。由于这些主意的倡导者经常是学过新技术的专业人士，所以种种新想法、新标准和新空间网络结构成为了该项目的一部分。废弃的空间及材料被重新利用，并进行升级改造。该项目改变了空间与使用者之间的关系，并融入了新的技术，使参与其中的市民与旁观者之间拥有了直接联系。有些时候，该项目也会成为是一处对所有年龄段人群开放的教育性工作区。

"你就是主角"是"城市创建城市①"项目的一处定制空间。基于市民注册方案，且与欧洲文化之都卡塞雷斯相联系，用乙烯基进行喷涂或者饰以剪影的描述卡塞雷斯居民的大幅帆布图像悬挂在建筑的前方。每个人都会去看自己的图像并向邻居指出哪个是自己，市民成为整个环境中的主角。人们与老城镇以这种方式融为一体。在两个月的时间里，人们可以充分享受该项目带给自己的改变和乐趣。

① "城市创建城市"是一种适应性强且不断成长的活动线，主要是基于以下理念：城市交叉、活动方式和建筑格局。http://www.ciudadcreaciudad.com。

5 全方位沟通

哈马尔之梦——千人广场

参与者：Ecosistema Urbano
地址：挪威，哈马尔
时间：2008年

西部社区资源有限，欧洲建筑师经常询问这样的问题：我在什么都没有的情况下能干成什么呢？在这样艰难的情况下，相比基于基层谈话而开展的一些特定的临时性活动，由强有力的少数群体开展的封闭式谈话要更为艰难一点。这是因为后者的敏感性更高，而社会大众对于那些并非来自自身群体的改变也非常排斥。少数人组成的机构或者政府通常不能将自己的意志强加于大众，因为他们知道总会有一部分人反对他们。

千人广场①这个项目将全球各地的参与者聚集起来，使其参与开放式空间的构思和设计，且将大广场的数字空间和物理空间联系在一起。

"哈马尔之梦②"是创新性网络式空间设计的过程，这个设计致力于改造挪威哈马尔的大广场。在2011年的8月至12月，作为一种实验性空间设计举措，Ecosistema Urbano在现场打造了基地空间，与市民分享其城市空间格局和梦想，赋予整个社区以无穷活力。

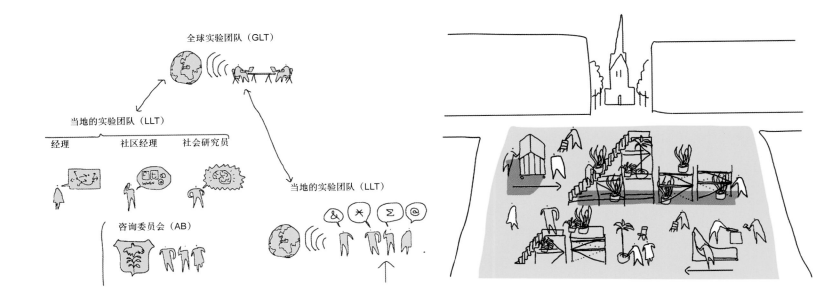

① 千人广场是哈马尔大广场设计公开招标竞赛的获奖项目。http://www.hamar.kommune.no/getfile.php/Bilder/Hamar/Artikkelbilder/ONETHOUSANDSQUARE_BOOKLET.pdf。
② 哈马尔之梦是由Ecosistema Urbano建筑事务所主持的针对挪威哈马尔大广场（即主广场）的重新设计过程。http://www.dreamhamar.org/category/blog/。

6 慷慨行动

公共开放式空间

该建筑的广场和座椅区是为社会大众所设置。

开放时间：8：00 AM—6:00PM

旧金山的POPOS指南

参与者：Rebar, SPUR
地址：美国，旧金山
时间：2008年

可开展的四种活动：小憩、放风筝、做瑜伽、跳凯卡克舞。该项目由Rebar在旧金山私人所有的公共开放式空间中开展

贡献知识产权是极其慷慨的举动，而这样的慷慨举动是对无处不在的经济活动的有力回击。公共空间的新开发者在成长过程中所见识的所有事物都有一个价格标签。一旦交易达成，买方和卖方之间的关系宣告结束。这种慷慨举动对于市场经济来说确实是当头棒喝，与东西买卖的理念相去甚远，也成为打破固有权力结构的有力举动。慷慨行为和乌托邦通常是结伴而行的。然而，当营造的项目不能满足财务回报需求时，也会带来一些较为艰难的状况。

Rebar是这样定义"慷慨城市主义①"的：在陌生人之间营造出不需什么商业行动的公共空间，以营造出新的文化价值。在旧金山，Rebar使用Commonspace项目的战术针对POPOS，即散布城市各地的"私人拥有的开放式公共空间②"。其起源于一项城市规划标准，即整个项目要拿出2%的空间要作为公共空间来使用。

开展这项行动的内在动机是基于规范劳动力的严格安全标准之上，公共开放式空间的最初功能定位渐行渐远。为了将Commonspace的理念延续下去，SPUR发布了针对POPOS的指南，美对旧金山秘密空间的发展时刻关注。

---

①布莱恩·默克，"正在发生：Rebar设计事务所慷慨城市主义的荒诞战术举动"，《叛变的公共空间：游击队式的城市主义以及现代城市的重建》，第四章，劳特利奇出版社，2010年。

②POPOS："私人拥有的开放式公共空间"，"为建设更好城市的想法和行动"，旧金山的秘密。SPUR：旧金山设计和城市研究委员会。http://www.spur.org/publications/library/report/secretsofsanfrancisco_010109

③SPUR是一个慷慨的非营利性机构，致力于"对为市民好的规划而发声"。http://www.spur.org/。

7 采取直接行动

维基人行道和维基自行车道

参与者：Camina, Haz ciudad
地址：墨西哥城
时间：2008年

在当前日渐萎缩的城市中，新建的公共空间需要一些暂时性的活动空间。在这样的空间中，言语重于行动，代表性重于建筑结构。在这样的情况下，大多数涉及公共空间的活动中都存在着对话，虽然这些对话有关战略、战术、行动、社会运动和市民参与性，但也仅仅只有对话而已，并没有真正行动，这也就是行动如此重要的原因。

墨西哥城拥有2000万的居民，像许多世界各地的超级城市一样，汽车的重要性大于行走。维基人行道（维基铺地①）是一些市民通过喷涂绿线的方式，在两座跨越高速公路的桥梁上标示出

的一条实际并不存在特殊铺地。这种临时性的项目凸显了在打造一个更美好城市的过程中，市民直接行动的重要性。该项目通过集体行动，展现了对公共高速路空间自下而上的应用。

基于同样的目的，由Camina建筑事务所设计的第一个维基自行车道②项目叫做"行走创建城市③"，该项目位于墨西哥城，通过自身劳动力和资源喷涂一条自行车车道。虽然执政当局在48小时内就将其清除了，然而，在社会空间网络结构中，相似的行动仍在持续开展之中。

①维基铺地，http://transeunte.org/2011/03/25/wikibanqueta-un-caso-de-incidencia-ciudadana/。
②维基自行车道，http://hazciudad.blogspot.com。
③行走创造城市，http://hazciudad.blogspot.com/p/manifiesto-por-el-derecho-caminar.html。

8 打造乌托邦

EICHBAUMOPER

参与者：Raumlaborberlin
地址：德国，艾希鲍姆地铁站
时间：2007—2009年

当公共空间凸显其野蛮的一面时，其结果往往是社会关系的日渐堕落，愈加暴戾的城市建造空间尊严逐步丧失，人们倍加恐惧。基础设施的沦落几十年前就已显现，这需要极具创意的行动来阻止每况愈下的境况。在大多数的情况下，都是文化工作者促进现实改变，以避免城市境况变得更糟。基于此，乌托邦体现了这种战术行动的特色，并使其不像一个悖论，其主要目标是通过一些地点的大致情况，改变现实并给予其艺术创造力。

A40高速路下方的18号线地铁站是破坏艺术文化的典型例子。这个车站展现了乌托邦歌剧院的魅力，将人们的恐惧和内心故事汇集在一起打造出了一场盛宴。在一年多的时间里，Raumlabor建筑事务所与作者、作曲家、戏迷和当地居民进行沟通协调，所产生的文化活动至今仍在进行之中。全部参与者到场，无观众的首演于2009年6月24日在一个专为此项活动打造的音乐厅中进行。打造不可想象之空间的乌托邦梦想成为现实。

1A 停车场，1B 市政厅胜利花园

Rebar

美国旧金山，2005—2011年，2008年

 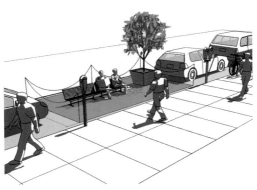 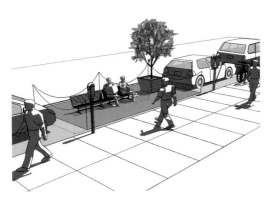

停车场	01A
规划	
休息区	

地块面积（m²）	不确定
项目造价（元 / m²）	不确定
建造周期（天数）	不确定
生命周期（天数）	不确定

市政厅胜利花园	01B
规划	
临时性种植区	

地块面积（m²）	1000
项目造价（元 / m²）	18 000
建造周期（天数）	12
生命周期（天数）	95

1A 通过利用停车场空间体现对公共空间的保护开发

1A 传统可控的停车系统被用来改变空间的利用方式

1B 装饰性的花园为农场种植提供了不错的机遇

1B 250名志愿者开垦蔬菜种植区，而其他结构的建设也在同时进行中

重新规划城市空间的用途
将停车场、装饰花园用作其他用途

由一些艺术家、活动家和设计师组成的Rebar于2005年在旧金山的市中心区开展了一项小型的战术空间改造尝试，被称作"Park(ing)"（停车场）。在两个小时的时间里，这处公共停车空间拥有了草坪、一棵大树、一个座椅以及14 m²的停车空间。两个小时后，Rebar将其拆除，停车场恢复原貌。这项实验留下来的是一些照片和视频。很快，该方案即被发布到了网上，并且"……其他一些筹划游击队式建筑干预方案的设计团队都采用了这一简单的战术……该战术举措的核心理念是在停车空间中进行合法抵抗，其所使用的都是公园的一些象征性元素，比如树木、草地、座椅等。Rebar将其视作开放式的，并采用所谓的知识共享许可协议。该理念并不是为增加财务收入，而是他们鼓励人们去重复这种理念，并对其进行重新解读[1]。"

自那时起，这种现象每年都会上演，已经成为城市战术设计中的经典理念。Park(ing) Day已经被Rebar注册为服务标记，并将其纪念日定为每年九月的第三个星期五。

Rebar还重复利用了另外一种战术行动：赋予城市中的装饰空间以富有成效的应用。2008年7月，旧金山市政厅资助了另外一个项目（由权力部门开展的另一项战术行动），由Rebar开展实施，在中心广场区打造一处临时性的蔬菜花园。这一想法是为重启胜利花园项目，并将其扩展到现代都市的庭院和屋顶露台上，将家园与本土的食品生产联系在一起。

基于权力部门的许可，该项战术举措可充分利用城市空间结构中的缝隙、开口处和各种机遇。Rebar悉心研究了皮埃尔·布厄迪（1930—2002）和米歇尔·德·赛托（1925—1986）的理论。其结果就是，该项目应用了前人论述的战略、战术以及方方面面的相关知识。采纳了战术城市主义以及另外两种富有创意的方面，也就是慷慨性和荒诞性。

倡导"荒诞性"是展现Reba工作的极具个性和艺术性的举动。之所以要论述战术城市主义，是因为他们感受到了其艺术潜力和城市进程冲突状况对他们强大的吸引力，进而引致了后来那绝对荒诞性的空间设计举动。Rebar将个性和荒诞看作是两种极其重要的手段，因此使得信息能够以更加清晰的方式传达出去。

---

[1]布莱恩·默克，"正在发生：Rebar设计事务所慷慨城市主义的荒诞战术举动"，《叛变的公共空间：游击队式的城市主义以及现代城市的重建》，第四章，劳特利奇出版社，2010年。布莱恩·默克是Rebar设计师艺术家团队和Park(ing) Day的创始人。

规划规则

　　基于调整私人汽车停车场的政策，城市中到处都是停车计时器，使得市民可以在一定时间段内租用一段道路。作为一项创新性举措，该项目对街道上的停车空间进行重新规划，打造出了休闲活动空间。

初次体验

　　2005年11月16日，Rebar在旧金山市中心一条阳光明媚的街道上租用了一处停车空间，时限为中午12：00到下午2:00。这处空间被打造成为一处使用寿命为2小时的小型临时性公园，这处公园给这个缺乏公共空间的地方带来了自然气息、座椅和阴凉。

全球性停车场

　　对停车空间的占有利用已经扩展到了世界各地。在180多年里，开展的Park(ing) Day活动包括城市花园、政治集会，乃至艺术设施。其目的都是为市民打造更多的公共空间。

走道

　　对停车场空间的占有利用已经扩展到了两侧的走道。该项目临时租用了旧金山市政道路管理路段，租用给零售摊贩和个体营业者，租用者都希望能在商铺前设置一些座椅来进一步激活经济活力。

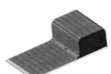

简单的座椅

　　既能让人们自由漫步、坐下来小憩，又能够在拥挤的城市空间中获得喘息空间。简单的座椅将这些功能都囊括在内。

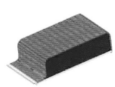

软垫式座椅

　　休息，放松双脚，懒洋洋地躺在阳光底下，或者在最为适宜的城市空间中畅快野餐。

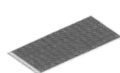

简单的加长式座椅

　　终极空间缔造者，这种坚固的平台可以扩展人行道的空间。这种设施还附带有自行车停放架。

端部空间

　　新建的公共空间通过有棱角的柱帽，拥有了时尚的入口空间。

高高的桌子

　　人们可以在高高的桌子旁稍作停留，喝杯咖啡、吃片面包，或与他人攀谈一会儿。这种结构也在人行道和街道之间充当了优美的视觉屏障。

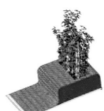

简单的种植槽

　　设计师打造了座椅区和绿色空间，一种类似竹子的垂直生长的植物提供了阴凉空间和优雅的视觉屏障。

种植槽

　　通过这种箱式种植槽结构很容易就打造出了自然阴凉空间，可以很方便地设置大型树箱，并栽种地被植物。

标准设计

　　Rebar打造了不同的交互式结构，可以对零售店铺前方的停车区空间进行定制打造。该体系方便安装，并且在租赁合同到期后可以重新应用到其他地方。

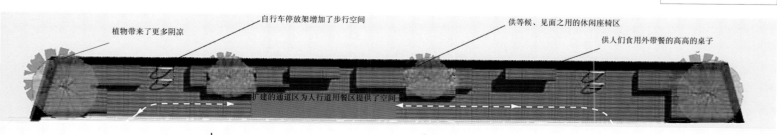

植物带来了更多阴凉　　自行车停放架增加了步行空间　　供等候、见面之用的休闲座椅区

供人们食用外带餐的高高的桌子

扩建的涵道区为人行道用餐区提供了空间

↓ LOLO'S饭店　　　　↓ 纽约大逃亡披萨　　　　↓ 革命咖啡馆

在权力机构前展开工程

2008年夏天，旧金山市政厅提议将一片大型的草坪区转变成一处城市蔬菜园地。该区域属于市政办公室和很多政府机构、文化机构。同时，该区域也是一处贫穷的、犯罪猖獗的区域。

重启世界战争时期的规划

在两次世界战争期间，美国、英国、加拿大乃至德国的人都被鼓舞去在公共公园以及私人花园中打造一些菜园。这有助于减轻食物供应方面的压力，因为当时的食物供应主要用于战争。胜利花园也有一个相当重要的功能：提升那些直接参与战时经济的人的士气，使其直接享受自己劳动的成果。

参与志愿者

为夏天而规划的这项活动一直延续到了秋末，超过250名志愿者参与其中。Rebar与其他机构通力合作，并遵循CMG景观建筑设计项目规则，拆除了原来的草坪区，并打造了新的蔬菜园地。志愿者移植了成千上万棵秧苗，并细心呵护。

在耕作期，这些花园每周能出产45 kg的有机蔬菜。这些蔬菜被运送至旧金山的食品库中，成为不同食品规划的一部分。

该项目的初衷是使大众更加意识到改变现有的食品生产分配体系的必要性，将纯装饰性的空间转变成耕作空间。该项设施开创了更为宽泛的市政项目，将公共空间、废弃地块、私人花园和屋顶平台转变成贴近终端用户的肥沃的土地。

战术 2
临时性花园

Atelier Delle Verdure

意大利米兰，2011年

临时性花园	
规划	
蔬菜园地和游戏区	
地块面积（m²）	2800
项目造价（欧元 / m²）	25
建造周期（天数）	50
生命周期（天数）	30

 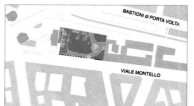 

该地块被一处马术学校所占用

该地块的最后应用是一处多层的停车场，供菲尔特瑞奈利基金会的总部使用

市政厅要求拆除花园，并将其退还给其拥有者

自从设施建成后，该地块一直处于废弃不用的状态

抑制备用空间每况愈下的状况
市民自建和花园的拆除

    Atelier delle Verdure由三位成员（一位设计师、两位建筑师）组成，主要从事地域规划和景观设计，其工作主要是为满足公众和私人客户的需求。作为以项目开发为重点的经典型企业，使用有几个互相关联的举措，研究被遗忘的空间以及可能的应用。

    蒙特罗临时花园的实施标志着该地区的一个转折点，因为该地区所涉及的参与者和顺序有些混乱。一些市民（建筑师、景观设计师和花厂工人）得到了富有影响力的政治活动家Milly Moratti的支持，他们通过开创性举措在废弃的Porta Volta区打造出了临时性空间。

    该地块即将打造成一处停车场，靠近由Herzog & Meuron负责设计的菲尔特瑞奈利基金会的总部。有了市政厅的同意，该空间转变成了为期一个月的花园、游乐区和社区蔬菜园地。该项目的主要目标是通过循环利用的材料，使用低廉花费来改变破败区域的面貌：在确保自然成长的城市生态多样性的同时，不必仰赖于任何形态的装饰景观建筑。该花园是街坊邻居和各个地块的集合地点，可使得人们在离家不远的地方生产自己所需的食物。

    一旦项目合同时间到期，市政厅会要求将该地块恢复原貌（弃用状态），以使获得委托的公司来打造停车场。

    通过多个事件和集会活动，该项目的主要目标是使各个社区委员会和机构知晓这个项目的主要内容，因为这些机构的参与对整个项目是至关重要的，不仅是为了最初的成功，也是为了长远考虑。

花园、游戏区和种植园地

在等待打造的这个地块上，设计师设计一座花园，供当地居民使用。场地清理完成之后，一些空间被搁置以开展一些休闲活动或者举办别的活动。设计师还特别打造了几处高高的木质平台，以栽种蔬菜。

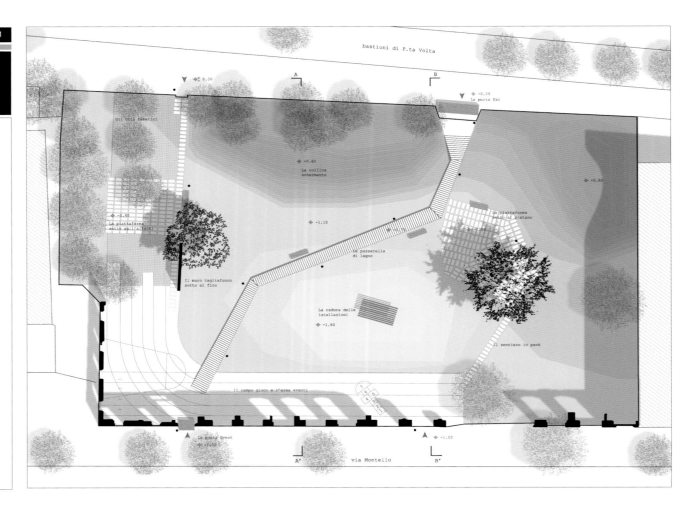

中心循环区

一条木质人行道从入口处沿斜对角方向穿过地块，将整座花园分成了两个部分。该人行道将入口处的游戏区和地块后部联系在一起，并确定了教育性蔬菜园地的总体布局。

有选择的清理工作

高高的大树和高质量的灌木丛都被保留，杂草和小型灌木被清理掉。这样，原来的生物多样性就被保留，而通常情况下，其经常要被牺牲掉以营造更多的绿意。

模板木材

中央人行道应用的木材来自于循环自用的模板木材,现场安装在两条平行管道上方,这样木板就裸露在地面上方。

教育性蔬菜园地

这个园地的主要设置目的是教育当地学校里的孩子们食物是如何长成的。

举行社区活动

这种设施的永久性以及将来进行扩建的可能性，都需要市民的参与。公园一旦建成，使用者即可发现更多有关该项目的信息，并能培养一种归属感。

种植池

　　空间开建几个月之后，沿着自然生长的植被栽种了可食用的农作物。这样用蔬菜占用绿色空间的潮流鼓励着当地居民参与到维护管理工作中。

战术 3

临时性娱乐公园

Basurama

秘鲁利马，2010年

临时性娱乐公园	
规划	
娱乐公园	
地块面积（m²）	6000
项目造价（元／m²）	5
建造周期（天数）	36
生命周期（天数）	15

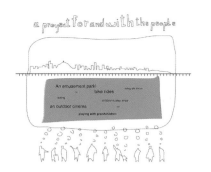

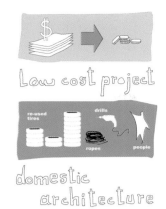

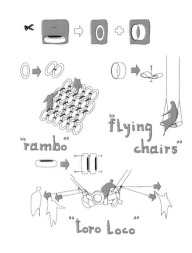

与设计事务所和当地艺术家合作

通过DIY技术进行自建

应用基础设施

将城市中的废物重新利用起来

废物利用

该项目涉及将苏尔基约区高于地面的电气铁路下方的空间进行改造

Basurama开展了很多跨学科的活动，充分利用消费社会中或实或虚的各种废料，并赋予其极具创意的各种可能性，该集团于2001年创立了马德里建筑学院。建筑师、艺术家或者设计师的工作以及各种社会团体的参与都在该项目中发挥了重要作用。

这些项目所针对的是一些废物及残余空间，囊括了消费社会产生的材料废物以及闲置的残余空间，这些都源于对地域空间的不断蚕食和侵吞。除了用作研究、信息记录、委任操作或者教育传播等空间任务之外，公共空间中还存在着一些临时性的空间设施。经常会发生这样一些状况，即上面所述行动都发生在建成城市和正式经济体的一些相对安全的空间内，这就要求我们通过一些新的手段对这些废料、残余空间进行抢救或者循环利用，以打造新的公共空间。还有一些时候，这些空间行为会转移到贫困地区或者被社会排斥的区域，在这样一些地方，只有非正式经济才能确保人们的衣食来源。

RUS（城市固体废弃物）项目由Basurama倡导，获得了来自西班牙国际开发署（AECID）的资金支持。作为举措的一部分，Basurama倡导跟拉丁美洲不同城市的本土代表进行合作，确定行动需要和战略，其主要涉及废物生产和管理、失控的城市管理、区域移动性以及废弃空间。

RUS利马项目开始于2010年，延续了之前在其他八个城市的经验。利马是城市规划的受害者，遭受了来自现实、任意的无序增长以及子虚乌有的公共运输网络的沉重打击，公共空间逐渐被废弃，每况愈下。该项目使得苏尔基约区高于地面的电气铁路下方的空间实现了重生。在那个时期，工程都处于瘫痪状态。几个集团和当地艺术家进行合作，将废弃的基础设施转变成为高于地面的线性公园，两个星期的时间即使其变成为一处小型的娱乐公园。

娱乐公园	1	娱乐公园	2

重复展现该项举措

娱乐公园

参与该项目的当地团队建立了自己的网络结构，应用该项目并将其重新展现到利马其他的社会环境之中，使其能够适应新的社会环境，并能实现与当地社团的直接合作。

该综合设施的设计灵感源自传统娱乐公园：设置一条穿越九个游戏区的道路，每个游戏区均有自己的名字，以展现不同的主题。

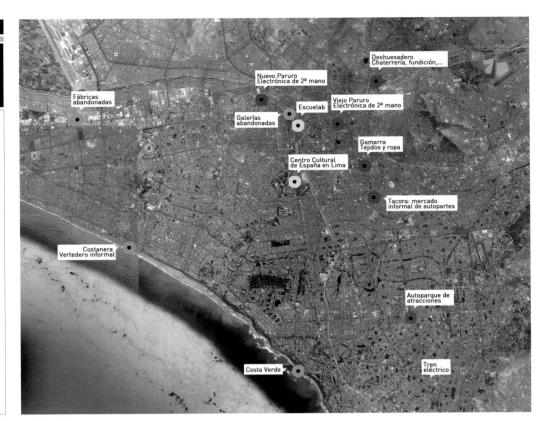

CANOA KRAKATOA   El Barco Pirata

娱乐公园	3

游戏区和人行通道

铁路立交桥下方的空间通过设置娱乐设施和游戏区拥有了无限活力。这里还设置了很多通道，使得基础设施转变成为高于地面的线性公园。

Deseo   El Tren Fantasma   **EL MIRADOR**

¡RAMBO!   **EL TORO LOCO**   Las Sillas Voladoras

娱乐公园　　　4

选择、设计和打造娱乐空间

　　该项目邀请了苏尔基约区的当地居民和很多不同的本地艺术家参与，通过打造娱乐区和游戏区，赋予该空间以无穷的活力。

自行车道和行人区

占用铁路高架桥下方的废弃土地是赋予城市中行人公共空间新应用的一种不错的方式。通常情况下，行人在街道上行走要忍受川流不息的车流产生的噪声和污染。

"CHICHA" 制图法

铁路高架桥的柱廊覆以色彩明亮的装饰纸，赋予了整体设施以质感、愉悦性和醒目的外观。用以展现"Cumbia"音乐会。"Chicha"音乐和民间艺术节的海报是该设计的灵感来源。海报的内容被删除，只留下了背景色。

合作

该项目的一个主要经验是在参与项目的不同艺术家和团队之间开展的合作与交流。通过协同工作，他们达成了基于共同工作方法的协同一致，然后每个团队具体开展落实，构成公园的部分工作。

轮胎和汽车零部件

在项目的具体实施方面，设计师提议使用较少的资源和循环利用的材料开展自我建设。设计师之所以使用轮胎和汽车零部件，是为展现对公共交通和私人交通的空间利用。

高架桥的柱廊和地面

　　未建成的高架桥的各个元素被用作娱乐公园的支撑结构：海盗船、魔鬼火车、斗牛机、飞天旋转椅等。

4A QUAI DE QUEYRIES, 4B 临时性海滩，4C 墙壁公园，4D LE BRASERO

Bruit du Frigo

法国波尔多，2008年，2010年，2011年

QUAI DE QUEYRIES	4A
规划	
活动中心	
地块面积（m²） 12 000	
项目造价（元 / m²） 30	
建造周期（天数） 120	
生命周期（天数） 4	

临时性海滩	4B
规划	
休闲区域	
地块面积（m²） 7000	
项目造价（元 / m²） 70	
建造周期（天数） 365	
生命周期（天数） 90	

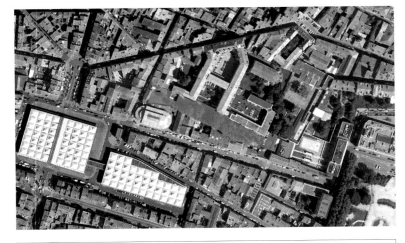

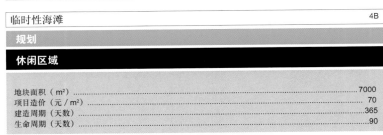

墙壁公园	4C
规划	
活动区	
地块面积（m²） 5000	
项目造价（元 / m²） 130	
建造周期（天数） 180	
生命周期（天数） 19	

LE BRASERO	4D
规划	
多功能区	
地块面积（m²） 20 000	
项目造价（元 / m²） 30	
建造周期（天数） 365	
生命周期（天数） 23	

4A 加仑河河岸地区被转变成了洗手间和休闲区	4B 梅里捏克邀请设计师针对过渡空间的临时性设施开展规划	4C 该设施位于波尔多市中心圣米歇尔区的空地上	4D Benauge区的花园中拥有一大片使用率很低的空间

通过空间利用对市民开展教育活动

该设施展现了城市空间利用的多种不同方式

Bruit du Frigo是由来自几个不同领域（建筑设计、城市规划、媒体、景观建筑设计、社会学等）的专家组成的团队。其团队构成是依据不同项目的需要而定。合伙人将Bruit du Frigo定义为由城市规划设计、创新性团队以及流行教育结构组成的混合体，致力于城市和地域层面的研究和建设，主要采取参与性、艺术性和文化性的举措。

其中一项举措，即指"可能的地方"这个项目，建在了波尔多都市区的五个不同地方，这是为让市民们意识到，即便面对资源越来越少的日常生活，城市空间仍有创新的潜力和发展改善的可能。

这里将介绍其中三个项目以及城市工作室的Le Brasero项目。不管是在哪种情况下，这些项目都对所处的空间进行了巧妙的设计，转变应用，激发使用者的想象力，而使用者也可以在这些空间中发掘出其他可能的应用。相对而言，使用者对于这些空间都是非常熟悉的。

4A QUAI DE QUEYRIES

在四天的时间里，Bruit du Frigo占用了一处小型的公园，通过非常规的方法来强化空间利用。该举措获得了成功，很多市民都参与到了这个项目之中。虽然该项目持续时间有限，却埋下了发展的种子，使类似活动能在这座城市里持续很长一段时间。

4B 临时性海滩

设计师就要在这个地方打造永久性的设施。其资金支持主要来自由当地和地区机构组成的合伙企业。而这项设施将成为"可能的地方"项目的又一个组成部分，并促成为期一年的参与性项目，涉及当地居民、权力机构和设计师。通过协同努力，他们进一步满足了更多的项目需求，不仅有关临时性的活动，还包括未来的一些设施。

4C 墙壁公园

该地块属于法国国防部，是一处保存良好的空间，里面栽种有大树和受人欢迎的草坪。它设置了一堵墙，停止对公众开放，然而设计师将拆除部分墙体。基于安全方面的考虑，在同一时间内，只允许40名使用者进入该处空间。在最初的三个星期里，这座花园被人分享使用，并设定了详细的活动方案。

4D LE BRASERO

该区域已经被纳入到了市政重建规划之中，以赋予空间多样化的应用，并提升空间价值。Bruit du Frigo更想要在该地块的中心区打造一处户外教室，供当地的居民坐在一起，就其想要的城市畅所欲言，发表自己的想法，不管这些想法是现实性的，还是完全乌托邦式的。

闻所未闻的空间应用

河畔林地的一小片公园区被赋予了一些人们闻所未闻的应用，并持续了多天时间。这些应用主要有：舞池、公共道路和几处理发、按摩区。

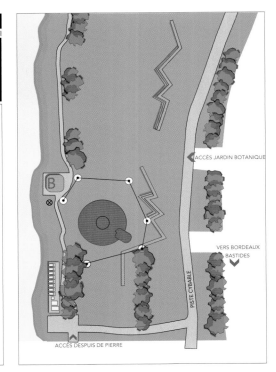

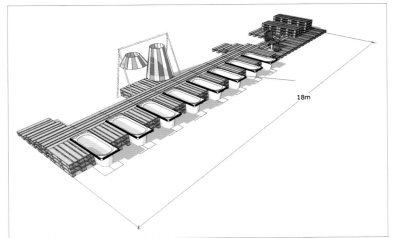

家庭式浴池

河畔的木质平台上设置了五个家庭式浴池，可以欣赏另外一侧城市的优美风景。

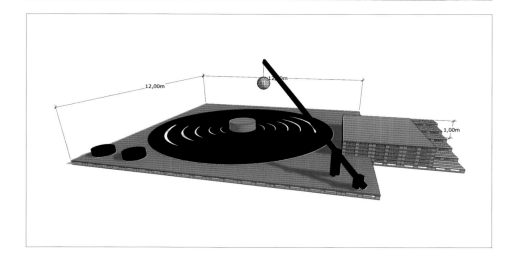

受欢迎的舞池

规划非同寻常的活动

颇受欢迎的舞池在城市公园中重建了城镇节庆般的空间氛围。

安装公共浴池、按摩区、理发沙龙和舞池改变了公园的日常应用。换个角度考虑，这些活动主要是以单个开展或者以小团体的方式开展。

海滩、蔬菜园地和操场

这处空地成为该地块的临时性休闲区，后来，这里成为设置了公共设施的永久性活动中心。

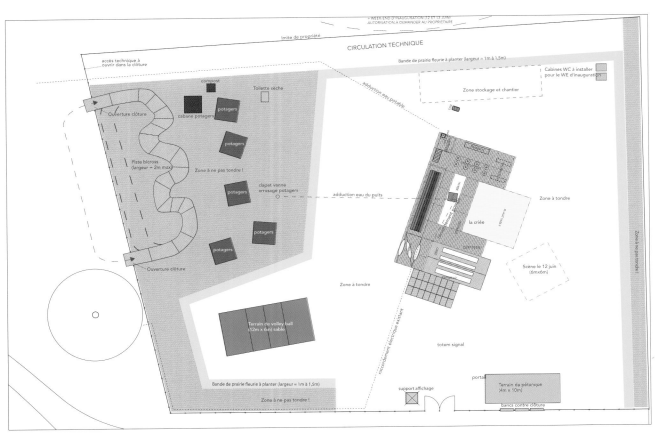

选择规划方案

有约20位本地居民被选出来，讲述其有关该区域的故事以及其个人生活。这些人的年龄在12岁到82岁之间，就其有关未来的定位发表自己的想法。

开展场地设计工作的日间工作室

来自该区域的约30位不同年龄的人有机会参与到该地块的设计工作之中。他们在现场花了两天时间，与建筑师和景观建筑师面谈，一同讨论空间决策。

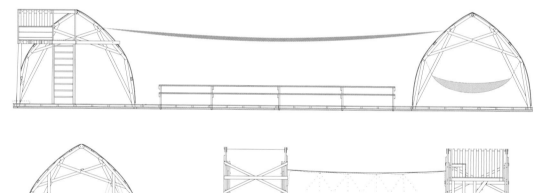

共享的维护地块

几处地块被划分了出来，由当地居民轮流开展维护工作。这些地块上设置了很多灌溉设施，通过将水从地块中央的井中引流出来，实现植物的灌溉。

划出割草区

作为第一处现场设施，其需要划定除草区和将自然植被保留区。

中心区

地块中心的区域是整个设施最能吸引人们目光的区域，具有最大的空间利用密度：沙坑、会见区、露台和秋千。

木板

同样的木板被切割成了不同大小，用在了围墙上、露台区和其他设施上。

墙壁花园	1	墙壁花园	2

结构利用

设计师使用一个长长的木质结构将波尔多市中心的一个狭窄地块利用起来。该设施在地块上打造了一条纵向道路，并与该地块多项活动的许多应用相适应。

多功能设施

横穿地块的木质结构可以用作桌子、椅子、躺椅、舞台或者其他娱乐元素。该结构的最大特点在于小屋式的结构，被打造成为宾馆房间，可以对外出租。

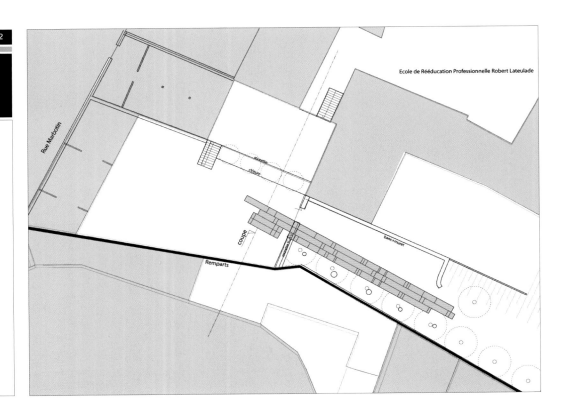

墙壁花园	3	墙壁花园	4

活动规划

项目规划时，当地居民有机会为该项目的构成建言献策，包括举行会议、空间使用、建立各种街坊社团等。

规划闻所未闻的活动

在19天的时间里，这项详细的活动规划是为提醒使用者更加意识到我们每天生活的公共空间的巨大潜力。这里设置了跨越各个领域的艺术设施、工作室、餐厅及书房等。

墙壁、草坪和大树

外部墙体的一部分被拆除，以设置入口。在该区域内，木质平台跨越原有墙体，草坪被用作凉爽的地毯，高大的树木提供了很多阴凉。

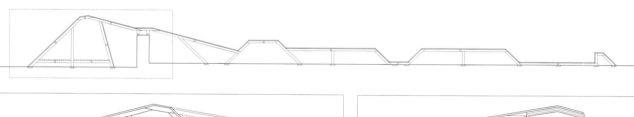

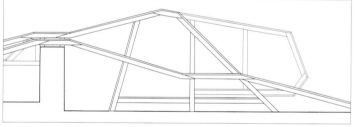

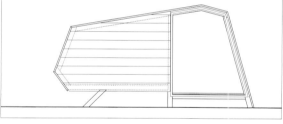

预制结构

组织整个设施的中央空间结构使用了七种不同类型的垂直结构，经过整合以满足各种不同状况的需求。使用垂直结构打造的框架是在场地外预制而成，运送至工地进行安装，并现场饰以包层。

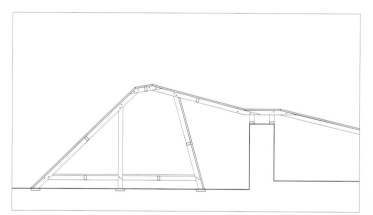

LE BRASERO 1	**LE BRASERO** 2	
公园亭台	**看台、活动区和服务式集装箱**	

在公园中的大树之间设置了一个小型亭台，会使人们联想到浪漫的景观建筑。尽管只是临时性结构，该亭台却展现了公园中的最大空间应用密度。

设置在大树阴凉处的看台主要是为了方便当地居民聚在一起，该设施的存在将持续一个月时间。除此之外，围绕公园设置的几张桌子转变成了一处富有活力的野餐区。由集装箱作为支撑结构，营造出了用餐区。

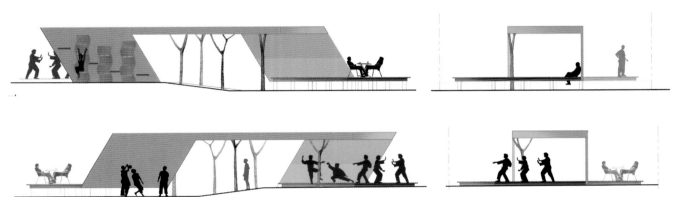

LE BRASERO 3	**LE BRASERO** 4	**LE BRASERO** 5
多功能平台	**乌托邦式的城市研讨会**	**确定需求、选择活动类型**

主要的看台设置了天篷和两处平台，拥有多种不同功能。当地的居民可能会将其用作餐厅、茶室、会客厅及表演舞台等。在这样的一个地方，人们可以用餐、休憩、运动或者表演。

该场所将定期举办各种研讨会，促使当地居民融入到城市营造之中。人们所提出的建议主要是针对街区重建，并就其日常生活发表一些意见，或者表明个人立场。

该项目是对当地居民开展提前调查的结果，他们充分表明其需求和希望。此外，当地居民期望将这些规划围绕城市研讨会场所开展。

模块式木材的框架结构

设计师使用一系列的支撑结构和木质格栅来打造看台的屋顶和两处平台结构。

统一的木结构覆层

设计师使用标准长、宽的覆层来打造平台盖板和天篷覆层，并为垂直结构的表面饰以包层。垂直结构的包层使用橘色涂料进行喷涂。

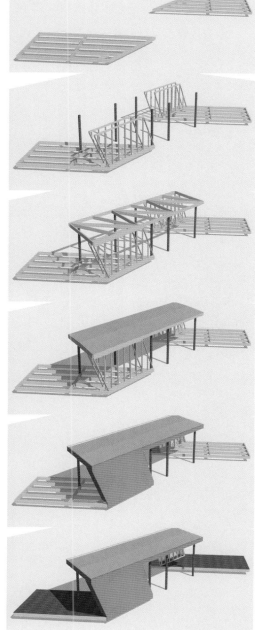

战术 5

姆马巴托体育场

Cascoland

南非梅富根，2010年

姆马巴托体育场	
规划	
艺术区和活动区	
地块面积（m²）	1 000 000
项目造价（元／m²）	1
建造周期（天数）	40
生命周期（天数）	31

该项目获得了来自地方机构和国外机构的大力支持

当地的一名倡导者充分利用该设施，宣传有关预防艾滋病的知识

被吸引来参与足球活动的人群也能参与到该项目中

球场上的观众使得看台成为了整个设施的一处大型舞台

利用废弃的基础设施
正在进行中的艺术活动的主要目的是提升市民作为公共空间参与者的意识

Cascoland是一家全球性的汇聚了艺术家、建筑师和设计师的机构，跨学科开展公共空间设计项目。这些项目的主要目标是重新激活闲置空间以及每况愈下的一些街区，以提升流动的可持续性或者使废弃的基础设施重新为市民所有。

Cascoland希望当地的每一名居民都能够行动起来，共同改造周边的公共环境。基于此项原因，以及艺术设施能够提升人们自觉性的特性，该项目的实施与市民的参与密不可分，这样的参与性能够使项目最终取得成功。

在所有这些案例中，都有一位本土的发起人邀请卡斯科参与到项目的实施过程中。设定了项目目标之后，Fiona de Bell和Roel Schoenmakers将主导该举措，并设定开放性的提案，按照每个地方的具体状况确定详细信息。两者将确定每个项目的具体需求，并促进跨学科的多个团队之间的合作，这些团队遍及欧洲、拉丁美洲和南非。

资金支持来自于荷兰，并且资金的预算确定了项目范畴以及可

邀请到的艺术家数目。这也就意味着该项目需要极高的灵活性，并给参与者的即兴发挥留下充足的时间，因为预算经常是在项目开建前几天才能最终确定。

梅富根市的这个项目始于2007年，当时阿姆斯特丹Vrije大学邀请Cascoland开展了一系列的活动，并与梅富根大学开展了有关2010足球世界杯的庆祝活动。姆马巴托体育场建于1981年（当时还是种族隔离时期），可容纳59 000名观众。现在，其功能非常有限，这使其成为了一处供建筑师、艺术家和设计师使用的极好的试验场，主要是关于如何赋予废弃空间以新的活力。

Cascoland充分利用了体育场比赛日期间的作用，来展示给人群该体育场多样化的功能。可以举办的活动包括：开展一些活动使人们关注到这一设施的多种功能；在看台上设置一些设施，使观众拥有观看比赛的最佳角度；周边区域的活动以及进入体育场的入口；由艺术家进行组织的大众工作室。

活动和各项设施

　　Cascoland充分利用了体育场在比赛日的作用，将其各项功能展示在了人群面前。该地区举行各项活动的主要目的是为了使人们意识到该设施的各种可能应用。

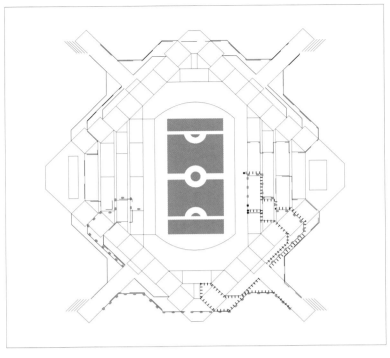

废弃的基础设施

　　现在，其空间功能非常有限，这使其成为了一处供建筑师、艺术家和设计师使用的极好的试验场，主要是关于如何赋予废弃空间以新的活力。

活动

　　在大赛举行期间，球场上会树立几块大型的屏幕，这样，在比赛日，观众可以在体育场的球场上观看比赛。

公园

看台下的区域被转变成了一座花园，这座花园充分利用了自然生长的植被。当人们于夜间造访这处体育场下的花园时，会别有一番感受，这里设有照明设施和音乐播放器。

跑道

这里设置有三处运动跑道，难度水平不一。这些跑道围绕着体育场设置，并在已铺砌区域设置了一些标志。

有供暖设施的食品摊位

在与当地商人的合作之下，这些食品摊位设置在体育场室外的停车场中。这些设施通过使用饮料箱打造而成，其拥有加热设施，其功能主要通过设置在煤气炉上的黏土锅来实现。

演出

在看台中设置了拥有照明设施的小房间。足球比赛中场休息时，舞蹈演员就会从光亮的小房间中出来表演。

展览室

该展览室设置在看台中，以展示在城市中拍摄的一些照片。该设施是使用附近农场中的木质货板打造而成。

舞蹈学校

在足球赛事举行期间，这处设施还可以作为舞蹈教室使用。在这里学会的舞步可以展示在球场上，作为公共舞蹈演出活动。

电影院

有三根混凝土柱廊支撑着整座体育场，有一幅巨大的幕布悬挂在柱廊上，成为电影院的屏幕。夜幕降临时，这些幕布上会展示场地上的足球赛事和观众的影像。

操场

该户外体育场设施拥有三处大型的翼状结构，悬挂在距离地面10 m处。其是由循环利用的轮胎打造而成，每一处结构均可承受20人的重量。

服装设计工作室

该工作室是为了展示传统材料有新应用的可能性。基于该地区的一些比较典型的毯子，设计师打造了新的空间设计，时装展示舞台就位于体育场的中心位置。

战术 6

6A 法国之旅，6B 改变之地

Collectif Etc

法国，2011—2012，法国圣埃蒂安，2011年

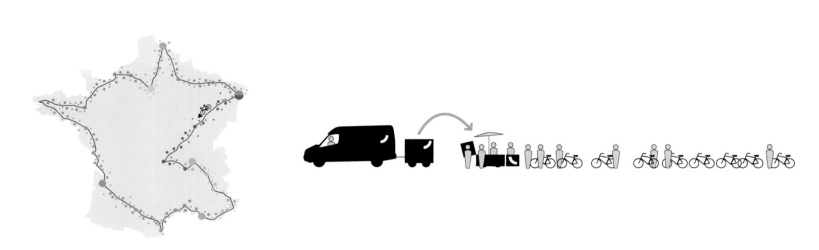

法国之旅	6A
规划	
法国各地的几项城市活动	

地块面积（m²）	6 000
项目造价（元 / m²）	1 097 300
建造周期（天数）	365
生命周期（天数）	不确定

改变之地	6B
规划	
休息区和耕种区	

地块面积（m²）	600
项目造价（元 / m²）	460
建造周期（天数）	42
生命周期（天数）	1095

6A 这段旅程可记录城市活动的不同可能性

6A 每个地点的设施均源自于当地人的集体建议

6B 圣埃蒂安委员会为市中心空地过渡性改建项目举行了一项公共设计竞赛

6B 市民的参与性被限制到了实实在在的建筑设施上，而又不局限于公共空间的概念

公共空间的实验性活动
在激活空间之前先激发市民的参与性

Collectif Etc建议以创新性的方式在公共空间中开展实验活动，将不同的参与者集中到城市广场上，包括居民、空间使用者、专业人士等。他们可以参与到不同的空间活动中，比如打造建筑和其他结构、组织会议和工作室，以及更多的艺术设施。

Collectif Etc的12位活跃成员、11位建筑师和一位美术设计师于2011年10月开启了一项环法国的自行车之旅。人们称其为"法国之旅"（6A），其巧妙地融合了"环法自行车赛"和"情境转移"。设计师对该项旅程进行了灵活设计，会持续一年，并在城市项目的营造中记录、分析人们的参与性实践。该项活动会使人们联想到工匠和中世纪建造者的劳动。参与者会接受培训，直至能够独立开展工作。

"法国之旅"的主要目的是综合性的，可作为整个城市参与性项目的参考，进而带来创新性的结果。第二个目的是相对实用性的，在物理空间中打造一些特别的设施，可能是暂时性的，也可能延续时间稍微长一点的，功能涵盖了研讨会、辩论会、演出等，以在"法国之旅"到达的每一座城市都产生一些影响。该项目将工艺品、艺术和比赛等都混杂在了一起，以提升人们的参与性。该项策略是极具前景的，涉及多个学科，拥有多种传播方式，目标人群是多样化的公众：居民、临时性的公共空间使用者以及一些特殊人员，后者的主要作用是作为市民潜在欲望的发现者。该项目所获得的资金支持主要源自参与者、不同机构、公共及私人机构、团队以及对该项目感兴趣的人员。

在开展的很多项目中，Collectif Etc发现了一个持续出现的令人担忧的方面：使用者都被排除到了决策的制定过程之外。基于这种情况，Collectif Etc明确表明了对创新参与性的支持，而项目战术也主要源自于市民的参与性。相对于设计师、建筑师、城市规划专家和景观建筑师，Collectif Etc更加倾向于从市民中寻找动力。

"改变之地"（6B）是一项竞赛的获奖项目，由Collectif Etc设计，该项竞赛由法国圣埃蒂安的一家上市公司组织。该项目是混合状况中的一种，由权力部门充分利用战术举措，并融合了集体行动。在该城市区域经历的这一转变过程中，Collectif Etc与当地的居民合作，在建设工作开始之前，就在废弃的土地上开展了修整工作。有了当地居民的参与，地块的名字被改成了"大广场"。该项目举措首先是为为激发人民群众的参与性，然后是赋予地块以无穷活力。

临时性的公共广场

用三年时间，该地块的广场上将打造出一座新的建筑。获奖项目不仅制定了设计方案，还筹划了一系列的举措，以使当地居民参与到建筑的建设之中。

未来的住宅

该项目设计了地块改造规划，将空间设置在景观核心区周边的平地上。该综合设施就在这片空地上展开平面设计，并以分隔墙体作为假想性的分隔线。

居民参与性的局限性

Collectif Etc能够从该项目中发现居民参与的一些局限性。其展示了地方议会委托建设的该项目的特色以及需求所在。如果是为了按时完成项目而需要限制居民参与性的话，那么应该限制居民在施工工程中的参与性，而不是限制居民在空间设计过程中的参与性。

在项目建设过程中组织活动

在项目开展的六个星期时间里，设计师提议每天都要开展一系列的活动，以吸引尽可能多的公众参与其中。这里还为一些初学者组织开展了法式足球锦标赛、探戈课程以及马戏团课程等多项活动。这里可以举办晚宴、音乐会，还可以放映电影。

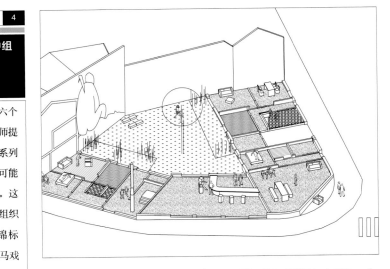

本土景观

多种不同类型的房间形成了广场的空间布局。围绕着中央的花园平台设置了起居室、餐厅以及休息区等。

三个DIY工作室

该项目的一个基础即是整个社区在公共空间建设中的参与度。在项目开展的六个星期时间里，当地居民和各个社团都能邀请参与到木工工作室中打造家具、到花园工作室中维护植被及到绘画工作室中为墙体设计图案。

教育性会议

当地居民和不同的代理机构之间举行了几次会议，主要是讨论有关公共空间的建造。建筑师和各个社团之间开展的合作有助于在打造公共空间和分享公共空间方面进一步深化市民的参与性。

EL CAMPO DE CEBADA

El Campo de Cebada

西班牙马德里，2011年

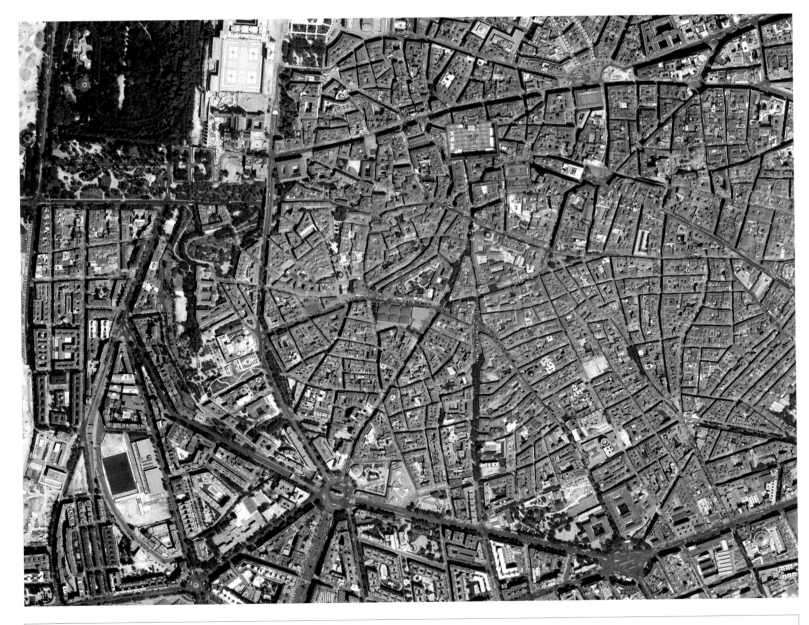

EL CAMPO DE CEBADA

规划

活动区

地块面积（m²）	5500
项目造价（元／m²）	不确定
建造周期（天数）	120
生命周期（天数）	2010年至今

该设施涉及建造一处深含寓意的游泳池，会令人们联想到该地块之前的功能

该雕塑由Exyzt事务所打造而成

这处成功的独特设施是一处由当地居民自我管理的空间

市政厅正式批准了该空间项目的实施，促进了规划活动的稳定开展

促进人人参与的城市规划活动
促进城市空间由当地居民开展的自我管理

作为由Zuloark①开展的活动，EL CAMPO DE CEBADA是公众参与城市规划活动的典范，作为非稳定性的结构，其促进了市民和各个机构之间针对废弃公共空间开展的临时性空间设计活动。该项目的主要目标是使活动空间重新回归到市民的生活之中。物理空间成为城市规划每况愈下的受害者。该广场位于马德里的市中心区，这里具有极高的商业价值，空间密度高。这处广场位于城市内公路带上，是传统的社交场所。之前这里有一处有钢结构框架的市场，但于1965年被拆除。1968年，该地块的中心区域修建了一座运动设施，含一处游泳池，但该设施也于不久后被拆除，现在，这个地方被一处街边市场所占用。

2006年，地方议会宣布了一项计划，将要对城市中心区进行改造，以增加设施数量并恢复公共空间外观。之前这一地区是供骑自行车的行人使用的。该计划采用的建筑设计是要打造大型的市场和运动中心，同时在公共空间中开展空间设计。但这一切因为金融危机而暂时搁置。

2010年，作为La Noche en Blanco项目的一部分，另一个设计事务所，即Basurama接受邀请并组织关于可在整个城市开展的项目的比赛。该临时性比赛持续时间不足两周，比赛的主题为"Let's play!"（让我们开始吧！）。Basurama最终选定的一个团队为EXYZT，其提出了"城市岛"的活动方案。该理念涉及对拆除运动中心区后对闲置空间的重新利用，运动中心区中的设施使用木板进行打造，涵盖了一系列的娱乐性公共空间，可供人们听音乐、看电影、聊天、休闲娱乐或者接受培训，人们还可在这里烹饪、编织、跳霹雳舞、练习跆拳道以及开展社交活动等。"城市岛"是一种寓言式的娱乐方式，可以让人们在马德里的城市中心区享受到热带雨林的阴凉和湖泊的宁静。

"城市岛"活动结束以后，人们还召开了一系列的会议，致力于恢复该地块的公共空间应用，这诸项举措被命名为"EL CAMPO DE CEBADA"。其目标涉及对该地块的暂时性和正式的租赁活动。这一项目由本地居民开启的举措，获得了Zuloark团队的支持，临时性地激活了Cebada广场地块，延续了"城市岛"的成功经验。

①在此案例中，zulo游击战争的主要战术武器包括：简·雅各布斯之路、人为的城市规划和自我打造的建筑工作室。Zuloark确立Hand Made Urbanism的主要目的是为以手工制作的方式打造一些设施：长凳、椅子、遮阳设施等。所使用的材料源自于马德里国际会议中心，由建筑事务所Mansilla-Tuñón担当设计。

背景：城市岛

2010年，Exyzt设计事务所获得邀请，参与到La Noche en Blanco项目的设计之中，该项目由马德里市政厅和Basurama设计事务所进行组织。该项目涉及对地块的暂时性应用，该地块之前是一处拥有游泳池的市政运动中心，这处公共空间恢复了这处地块之前的一些应用。

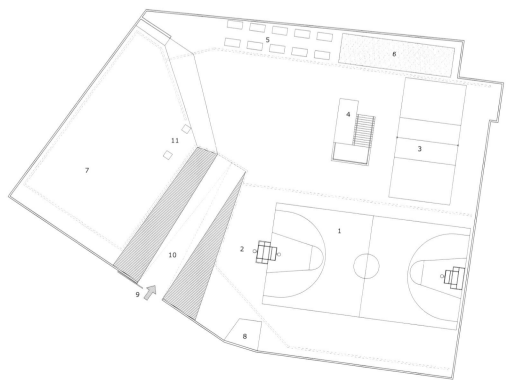

1 足球场和篮球场
2 迷你篮球场
3 多功能运动场（在建中）
4 储藏区
5 绿色的果园区（在建中）
6 法式滚球区（在建中）
7 多功能活动区（音乐会、
　影院、集会区）
8 配电板
9 入口大门
10 入口坡道
11 检修孔

装配完备的公共广场

　　该空地经过重新规划，转变成了一处公共广场，含几处运动区、一处蔬菜园地和一处多功能区。该项目在广场中心区设置了一处储藏区，还拥有自来水管道和电力供应，这就确保了该空间可以放映影像、举办音乐会或者开展集会活动。

本地居民举措

在空地上开展的临时性举措鼓励当地居民能够走到一起，并成立"EL CAMPO DE CEBADA"社区委员会，以重新激活空间应用。该团队由数目众多的代理人员构成，获得了地方议会的大力支持，而这对于该试验的成功是至关重要的。

可重复的典范

之所以实施EL CAMPO DE CEBADA这个项目，是实践空间重复利用的典范。项目伊始，所有步骤即被记录在册。对于将城市中的管理典范转变成其他类型的空间，本土居民和管理机构都充分认识到了其所具有的潜能和所带来的舒适。

家具工作室

这些家具由当地居民在广场工作室中独立制作完成。其所使用的材料源自于另外一项城市工程的木质模架，该工程因经济危机而暂停。这里将会成为未来的马德里国际会议中心。

调整公共空间

公共空间管理工作由EL CAMPO DE CEBADA负责，其根据广场应用时间表确定了开放时间。制定管理规范能够帮助满足当地居民的需求，并使得该地方能够满足那些具有特定需要的项目。

埃尔多拉多街区改造

Arquitectura Expandida

哥伦比亚波哥大，2011年

埃尔多拉多街区改造	
规划	
电影院和开放式的空中舞台	
地块面积（m²）	200
项目造价（元／m²）	30
建造周期（天数）	15
生命周期（天数）	不确定

宣传活动是为了使本土居民意识到自己与周边街区的关系

霹雳舞的形象将成为该项活动的标志

物理空间逐渐不适应该设施的需求，需要从其他角度去挖掘空间的内在潜力

营造、设计标志成为社区的一项社区公共涂鸦活动

在基层和当权者之间取得平衡
恢复公共空间，以打造电影院和开放式的空中舞台

Arquitectura Expandida（AXP）所开展的活动主要是介于建筑、文化管理（作为管理和文化交流项目）和社区工作之间，其赞助费用主要来自于由公共资金资助的一些机构。

公共空间是设计事务所要考虑的核心因素，基于此项原因，大多数的活动都是基于本地社区居民对城市环境的应用。Alaska Parque Comunal是应用体育场的社会公共空间建设项目；Vivi-dero打造了一处移动性的设施，作为公共空间的延长部分；埃尔多拉多街区改造是应用了文化性的社会公共空间建设项目。这三个项目均位于波哥大城市中，并都得到了西班牙驻哥伦比亚大使馆的资助。

位于埃尔多拉多街区的这一项目是为回应居民、社区协会以及当地教区的需求。有了跨学科团队的指引，参与项目的人员涵盖了文化经理、设计师、建筑师、城市人类学家、社会学家、涂鸦艺术家、音乐家以及媒体传播者，其花费了两周时间来设计该设施，并建造、筹划户外空中电影院和音乐活动舞台。

有关项目开展地块所有权的问题必须要提前确定。尚不确定该地块是属于教堂，还是属于镇政府，然而其确实是供社区集体使用。该地块就共有管理方案与街区各文化机构之间达成了一项协议。

作为一项集体性的项目，AXP事务所成为底层人民（即使用者）和当权者（即政客）之间的协调者，后者对城市设计的决策制定过程负有主要责任。AXP明确地块特色，确定其需求，并将各个方面调动起来以使项目得以开展。AXP与相关人员进行沟通，与地块所有者进行交谈，并使使用者参与到整个建设过程中。AXP从西班牙大使馆获得了资金支持，并从当地的一名商人手中获得了所需的材料。

该项目不仅仅是艺术化的表达，它将自然的城市设施展现在了人们眼前，并展示给市民将欲望转变为现实的途径。该项目并非想将临时性的土地利用合法化，而是赋予僵化体系以多样化的应用，这样的体系可能忽视了市民的真正需求。

埃尔多拉多街区改造 1	埃尔多拉多街区改造 2	埃尔多拉多街区改造 3	埃尔多拉多街区改造 4	埃尔多拉多街区改造 5	埃尔多拉多街区改造 6
同当地居民和各个机构召开的会议	**跨学科合作**	**项目宣传**	**户外空中剧院**	**站立用餐区**	**照明遮盖**

有关项目规划和项目设计都要提前举行会议进行商讨，由此确定将剧院用作社区宴席的额外空间。当地的教区出租了部分房屋，并与当地居民和各个机构一起，积极参与到了决策制定过程中。

在两个星期的时间里，文化经理、设计师、建筑师、城市人类学家、社会学家、涂鸦艺术家、音乐家、媒体传播者以及当地居民，共同参与到了设施、标志以及文化活动的设计之中。

社区的一些成员通过宣传活动参与到了该项目之中。为了达到宣传目的，设计师特别打造了海报上的图像，也专门设计了T恤衫，并在街区中进行分发。

靠近埃尔多拉多街区教区办公室的一处废弃地块被用来打造一处看台，正对着原有的一堵墙体。新建的遮盖遮蔽着用作舞台的移动式平台区以及悬挂图像的凸出区域。

观光区也可以用作户外用餐区。其使用回收轮胎打造而成，填充了建筑用橡胶和防风雨的木板。

该遮盖物保护着舞台，并拥有使用霓虹灯管打造的照明设施，位于聚碳酸酯板材下方。夜幕降临，该遮盖物成为街区景观中的一处参照点，提升了整个环境的安全性。

     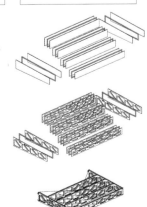

准备工作

在工程开工前，要对地面进行平整处理，并将原有建筑的外墙作为新建设施的大背景，这意味着该项目需要所有参与人员的大力支持。

提高入口性能

将道路进行更新改造是整个项目的一个关键组成部分。新建设施位于山坡上，移动性受限，提升入口性能可以确保新建设施与较低位置建筑之间的关联。

工作人员名单

ALDAYJOVER

建筑师:
Iñaki Alday y Margarita Jover
项目负责人: Jesús Arcos
合伙人: Ana Quintana,
Alina Fernandes, Raquel Villa,
Jordi Hernández, Marta Castañé, Bruno Seve
项目统筹: Bruno Remoué & associats
摄影: José Hevia

**BURGOS GARRIDO, PORRAS LA CASTA,
RUBIO A. SALA, WEST8**

建筑师
主管
Ginés Garrido

Burgos & Garrido / Porras La Casta / Rubio &
Álvarez-Sala / West8

设计团队
团队协调人
Javier Malo de Molina

马德里团队
Samir Alaoui, Irene Álvarez de Miranda, Jaime
Álvarez,
Silvia Aydillo, Pierre Banchet, María Bandrés,
Araceli Barrero, Carlos Carnicer, Rocío
Caro, Almudena Carro, Sergio del Castillo,
Alicia Colmenarejo, Isabel Cuellas, Ángeles
Fernández, Mateo Fernández, Carlos
Fernández, María Jesús Franco, Juan
Galbis, Gabriela Galíndez, Pablo García,
Elena Garicano, Ignacio Gómez, Eduardo
González, Maya González, Gabriela
Hombravella, Miguel Ángel López-Mir, Raquel
Lozano, Marina del Mármol, Agustín
Martín, Alberto Martín, Rocío Martín,
Raquel Marugán, Juan José Mateos, Gemma
Montañéz, Eleucidio Moreno, Víctor Muñoz,
María Ángeles Navarro, Matías Nieto, Emilio
Ontiveros, María Ortega, Ana Palancarejo,
Susana Paz, María Perales, Pedro Pitarch,
Nerea del Pozo, Lucía Prado, Jonás
Prieto, Pilar Recio, Marta Rogado, Javier
Rubio, Eduardo Ruiz de Assín, Ramiro
Sánchez, Marco de Simone, Emma
Simonsson, Juan Tur, Alfonso Urbano, Elena
Verdú, Marta Villamor.

鹿特丹团队
Christian Dobrick, Freek Boerwinkel, Karsten
Buchholz, Lennart van Dijk, Juan Figueroa,
Michael Gersbach, Madalen Gonzalez, Enrique
Ibáñez, Joost Koningen, Sander Lap, Silvia
Lupini, Perry Maas, Ricardo Minghini, Eva
Recio, Marta Roy, Carlos Saldarriaga,
Alexander Sverdlov, Mariana Siqueira y Shachar
Zur

咨询服务
总工程师 (结构和安装): TYPSA
专业工程团队: Fhecor Ingenieros and Gestión
de Proyectos
桥梁工程团队: Fhecor Ingenieros, Gestión de
Proyectos, Cesma Ingenieros and NB 35

运动场咨询师: Richter Spielgeräte / BDU
环境工程师: Tecnoma
照明设计: ALS
土壤设计团队: Fundación Conde Valle Salazar
ETS Ingenieros de Montes 马德里
植物咨询: SC Paisajismo and Fundación Conde
Valle Salazar ETS Ingenieros de Montes Madrid
历史地图绘制: Departamento de Ideación
Gráfica y Arquitectónica ETS Arquitectura Madrid
平面设计: Gráfica Futura
模型: MRío arquitectos, West8 and Blanca
Pérez
3D视图绘制: MRio arquitectos, West8 and Hpal
摄影: Ayuntamiento de Madrid, Javier Arpa,
Javier Mozas

GLOBAL ARQUITECTURA PAISAGISTA

客户: APL, Administração do Porto de Lisboa,
Camâra Municipal de Lisboa, EDP
协调人: Global, arquitectura paisagista lda.
设计师: Global, arquitectura paisagista (João
Gomes da Silva), P-06 atelier, ambientes e
comunição, Nuno Gusmão, Estela Pinto,
Pedro Anjos
Arquitectura paisagista全球合伙人: Catarina Raposo
(景观建筑师), Filipa Serra (景观建筑师), João Félix
(景观建筑师), Leonor Cardoso (景观建筑师), Monica
Ravazzolo (建筑师), Pedro Gusmão (景观建筑师)

P-06工作室合伙人, ambientes e comunição:
Giuseppe Greco, Vera Sachetti, Miguel
Matos, Joana Prosperio, Miguel Cochofel,
Pedro Schreck
摄影: João Delgado da Silveira Ramos

JAMES CORNER FIELD OPERATIONS

客户: Delaware River Waterfront Corporation
(特拉华州河畔公司)
设计团队: James Corner, Lisa Switkin,
Jayyun Jung, Yoshi Harada, Kimberly Cooper,
Andang Donghyouk Ahn
咨询师: Langan Engineering, CHPlanning, VJ
Associates (成本评估)
摄影: Christian Carollo, Edward and Suzanne
Savaria

**JAMES CORNER FIELD OPERATIONS,
DILLER SCOFIDIO + RENFRO**

设计团队(2004—2009)

James Corner Field Operations (项目负责人)
合伙人: James Corner Field Operations and
Diller Scofidio + Renfro
James Corner Field Operations (项目负责人)
项目主管: James Corner
项目总设计师: Lisa Tziona Switkin, Nahyun
Hwang
项目团队: Sierra Bainbridge, Elizabeth
Fain, Tom Jost, Danilo Martic, Tatiana von
Preussen, Maura Rockcastle, Lara Shihab-
Eldin, Heeyeun Yoon, Hong Zhou, Karen
Tamir Diller Scofidio + Renfro
合伙人: Elizabeth Diller, Ricardo Scofidio,

Charles Renfro
项目设计师: Matthew Johnson
项目团队: Robert Condon, Tobias Hegemann,
Gaspar Libedinsky, Jeremy Linzee, Miles
Nelligan, Dan Sakai Buro Happold (结构和MEP
工程师)

主管: Craig Schwitter; 团队: Herbert Browne,
Dennis Burton, Andrew Coats, Anthony
Curiale, Mark Dawson, Beth Macri, Sean
O'Neill, Stan Wojnowski, Zac Braun, David
Bentley, Elizabeth Devendorf, Alan Jackson,
Christian Forero, Joseph Vassilatos, Edward
falsetto, Stuart Bridgett, Michael McGough
Robert Silman Associates (工程结构和历史性保护
工作), Joseph Tortorella, Andre Georges Piet
Oudolf (种植专家), L'Observatoire International
(照明), Hervé Descottes, Annette
Goderbauer, Jeff Beck, Jason Neches
Pentagram Design (引导标示), Paula Scher,
Drew Freeman, Rion Byrd, Jennifer Rittner
Northern Designs (灌溉), Michael Astram GRB
Services 环境工程和场地修复), Richard Barbour,
Steven Panter, Rose Russo Philip Habib &
Associates (市政与交通工程), Philip Habib, Sandy
Pae, Colleen Sheridan Pine & Swallow Associates
(土壤科学), John Swallow, Robert Pine, Mike
Agonis ETM Associates (公共空间管理), Tim
Marshall CMS Collaborative (水景工程), Edison
Becker Bonjardim, Roy Kaplan, Tanya Larson
VJ Associates (成本估算), Vijay Desai, Sushma
Tammareddi, Chongba Sherpa
Code Consultants Professional Engineers (代码
咨询), John McCormick, Laurence J. Dallaire,
Kevin Morin Control Point Associates (勘测), Paul
Jurkowski, Eneser Enerio KM Associates (工程推
进), Joe Ganci

第一建筑团队

LiRo/Daniel Frankfurt (本地工程师)
SiteWorks (景观建筑管理)
Annette Wilkus Helen Neuhaus & Associates (社
区联络人)
KiSKA Construction (总承包商)
Bovis Lend Lease (建筑管理)

第二建筑团队

HDR + LiRo/Jim Eckhoff (本地工程师)
SiteWorks (景观建筑管理)
Annette Wilkus, Mary Leibrock CAC (总承包商)
Helen Neuhaus & Associates (社区联络人)
Bovis Lend Lease (建筑管理)
客户: 纽约市 (纽约市公园与休闲设施管理处、经
济发展副市长办公室、纽约市经济管理公司以及纽
约市城市规划部), 以及High Line项目的朋友们
摄影: Iwan Baan

**JOSÉ ANTONIO MARTÍNEZ
LAPEÑA & ELÍAS TORRES**

建筑师: José Antonio Martínez Lapeña, Elías
Torres Tur
客户: Gerencia de Urbanismo, Ayuntamiento
de Sevilla

Martínez Lapeña - Torres Arquitectos合伙人:
Borja-José Gutiérrez, Josep Maria Manich,
Cecilia Tham, Luis Valiente, Pau Badia, Marc

Marí, Roger Panadès, Jose San Martín,
Jennifer Vera
施工技术人员: Juan Castro Fuertes Alberto
Fonto Prada, Eduardo Vázquez López
结构咨询师: Gerardo Rodríguez, Static
承包商: Sando Construcciones
摄影: Lourdes Jansana, Javier Arpa,
Ayuntamiento de Sevilla

MICHAEL VAN VALKENBURGH ASSOCIATES

业主: 布鲁克林大桥公园管理公司
景观建筑师: Michael Van Valkenburgh
Associates
工程师: AECOM (formerly DMJM + Harris),
Ysrael A. Seinuk, PC
成本估算师: Accu-Cost Construction Consultants
市政、海事和MEP工程师: AECOM (曾用名
DMJM + Harris)
音响工程师: Cerami Associates
照明设计: Domingo Gonzalez Associates
生态学家: Great Eastern Ecology
建筑设计: Maryann Thompson Architects (Pier 2
and Pier 6 Warming Hut Architects)
雨水循环利用咨询师: Nitsch Engineering
灌溉负责人: Northern Designs
平面设计: OPEN
公园建筑工程师: Paulus, Sokolowski and
Sartor
土壤科学家: Pine and Swallow Associates
结构工程师: Richmond So Engineers
水景咨询师: R.J. Van Seters Company
结构工程师: Ysrael A. Seinuk, PC
总承包商: Skanska USA Building
摄影: Elizabeth Felicella, Alex MacLean,
Jennifer Klein (布鲁克林大桥公园), Michael
Van Valkenburgh Associates

PAREDES.PINO ARQUITECTOS

开发商: Procórdoba. Proyectos de Córdoba
Siglo XXI
建筑师: Fernando G. Pino, Manuel G. de
Paredes
合伙人: Raquel Blasco Fraile, David Pérez
Herranz
咨询师: Rafael Pérez Morales (工地主管),
Robert Brufau, Xavier Aguiló, María José
Camporro, Boma (结构咨询), Argu (机械工程)
承包商: Ferrovial
摄影: Paredes.Pino

SLA

建筑师: SLA
客户: FredericiaC P/S
摄影: SLA

STOSSLU

设计师: Stoss Landscape Urbanism Principal
首席设计师: Chris Reed
项目经理: Scott Bishop, Chris Muskopf
设计团队: Tim Barner, Adrian Fehrmann,
Kristin Malone, Graham Palmer, Megan Studer

合伙人：Vetter Denk，urban design
照明设计：Light THIS!
结构、电力和机械工程师以及湿地工程师：GRAEF Anhalt Schloemer and Associates
摄影：Stoss Landscape Urbanism

STUDIO ASSOCIATO SECCHI-VIGANÒ

客户：安特卫普市
建筑师：Studio Associato Secchi-Viganò_Milano（主管：Bernardo Secchi，Paola Viganò）
竞争者：Matteo Ballarin，Nicla Dattomo，Uberto degli Uberti，Steven Geeraert，Emanuel Giannotti，Günter Pusch，Fabio Vanin
项目与建筑主管：Uberto degli Uberti，Steven Geeraert，Emanuel Giannotti，Günter Pusch，Kasumi Yoshida
结构工程师：BAS，Dirk Jaspaert con Marc De Kooning，Filip Van de Voorde
地形细部机械负责人：Dries Beys

TOPOTEK 1

景观建筑师：Topotek 1
合伙人：Rosemarie Trockel，Catherine Venart
客户：City of Munich
摄影：Hanns Joosten

从未存在过的城市

Advanced Option Studio，
2011年春天
宾夕法尼亚大学景观建筑设计学院
批评家：Christopher Marcinkoski（助理教授）
学生：Alejandro Vázquez，James Tenyenhuis

ARQUITECTURA EXPANDIDA

作者：Arquitectura Expandida（Harold Guyaux，Felipe Gonzalez，Ana Lopez-Ortego，Marina Tejedor Cruz），Corporación Cultural Hatuey，Straddle 3，Citio-Ciudad Transdisciplinar，Habitat Sin Fronteras，Pandemia AudioVisual，Territorios-Luchas，Uniagustiniana，Comunidad del Barrio El Dorado
主办方：Consejería Cultural，西班牙驻哥伦比亚大使馆，Homecenter Colombia，El José Celestino Mutis botanical gardens，El Dorado jesuit parish
图像：Arquitectura Expandida

ATELIER BOW-WOW

建筑师：Atelier Bow-Wow + Tokyo Institute of Technology Tsukamoto Lab.
图像：Atelier Bow-Wow，Javier Arpa

ATELIER D'ARCHITECTURE AUTOGÉRÉE

作者：Constantin Petcou，Doina Petrescu，Denis Favret，Giovanni Piovene，John Sampson，Giada Mangiameli，John Roberts

合作方：Béatrice Rettig，Jean-Baptiste Bayle，Bordercartograph（Marion Baruch，Miriam Rambach，Arben Iljazi），School of Architecture/University of Sheffield，Antoine Quenardel and inhabitants of La Chapelle area including Fabienne Molinier，Catherine Sachet，Richard Laquitaine，Michèle Chevillon，Phillipe Serret，Abdulaye Sy

ATELIER DELLE VERDURE

建筑师：Atelier delle Verdure，Blulab - Building Landscape Urbanism，Matteo Manca
建筑管理：Vivai Borromeo
客户：Piccola Scuola di Circo
主办方：Vivai Borromeo，Cooperativa sociale Demetra，Vivaio Ingegnoli
图像：Atelier delle Verdure

ATELIER LOIDL

景观设计：Atelier Loidl Landscape Architects and Urban Planners
客户：State of Berlin
图像：Julien Lanoo，Javier Mozas

BASURAMA

作者：Basurama
Local collaborators
Christians Luna（艺术家和执行者）Sandra Nakamura（视觉艺术家）
Camila Bustamante（美术设计）
El Cartón（建筑协会的学生）
C.H.O.L.O.（新兴的艺术与文化协会）
Playstationvagon and El Codo（塑料艺术家）
Colectivo Motivando Corazones（非政府组织）
María Pía Raschio and Diego Alonso Rossell Artists
Fuerza Juvenil（环保团体）
Karem Bernedo（电影摄制者）
图像：basurama.org，CC BY-NC-SA 3.0.

BIG，TOPOTEK1，SUPERFLEX

建筑设计：BIG
合作伙伴：Bjarke Ingels
项目主管：Nanna Gyldholm Møller，Mikkel Marcker Stubgaard
项目团队：Ondrej Tichy，Jonas Lehmann，Rune Hansen，Jan Borgstrøm，Lacin Karaoz，Jonas Barre，Nicklas Antoni Rasch，Gabrielle Nadeau，Jennifer Dahm Petersen，Richard Howis，Fan Zhang，Andreas Castberg，Armen Menendian，Jens Majdal Kaarsholm，Jan Magasanik

景观设计：TOPOTEK1
合作伙伴：Martin Rein-Cano，Lorenz Dexler
项目主管：Ole Hartmann + Anna Lundquist
项目团队：Toni Offenberger，Katia Steckemetz，Cristian Bohne，Karoline Liedtke

艺术咨询：SUPERFLEX
合作伙伴：Superflex

项目主管：Superflex
项目团队：Jakob Fenger，Rasmus Nielsen，Bjørnstjerne Christiansen
图像：Dragor Luftfoto，TOPOTEK1 & BIG，Javier Mozas

BRUIT DU FRIGO QUAIS DE QUEYRIES

作者：Bruit du Frigo
图像：Bruit du Frigo

BRUIT DU FRIGO

临时性海滩

作者：Bruit du Frigo.
合作伙伴：Ville de Mérignac，Centre social et Culturel Beaudésert
设计方：Bruit du Frigo + Coloco
图像：Bruit du Frigo

BRUIT DU FRIGO

墙壁花园

作者：Bruit du Frigo
设计方：Bruit du Frigo，Cabanon Vertical
图像：Bruit du Frigo，Sebastien Normand

BRUIT DU FRIGO

Le Brasero

作者：Bruit du Frigo
设计方：Laurent Bouquey et Gaël Boubeaud
图像：Bruit du Frigo

CAMINA，HAZ CIUDAD

作者：Colectivo camina，Haz ciudad
图像：Colectivo camina，Haz ciudad

CASCOLAND

国际参与方
Fiona de Bell（视觉艺术家，项目启动者，艺术总监），Jan Korbes（循环利用方面的建筑设计师），Indre Klimaite（美术设计 & 视觉艺术家），Bart Groenewegen（视觉艺术家，设计师），Jair Straschnow（设计师）Gitte Nygaard（设计师），Yarre Stooker（视觉与媒体艺术家），Wouter Nieuwendijk（3D-设计师）Thjeu Donders（艺术系学生），Jonna Slappendel（时尚设计师与制作人），Katharina Rohde（建筑师、讲师），Jimmy Ogonga（视觉艺术家）Patrick Mukabi（视觉艺术家），Megan Judge（视觉艺术家），Ra Hlasane（视觉艺术家、讲师、图书管理员），Tshepiso Konopi（剧作家），Miki Redelinghuys（纪录片导演），Lauren Groenewald（纪录片制作人），Maciej Kwiecinski（纪录片摄影），Georgina Konning（视觉艺术家），Bogosi Makhene（视觉艺术家），TinaShe Makwande（纪录片音响负责人），Tsakane Maubane（摄影），Jurgen

Meekel（摄影）
PRODUCTION
Roel Schoenmakers（项目启动者、沟通联络人、财务管理），Mirjam Asmal-Dik（管理者、沟通联络人、宣传人员），Nkuli Mlangeni，Benedikt Sebastian，Kiran Odhav

本土合作伙伴
Liz Wills，Kiran Odhav，Dan Thloloe，Willy Raetsang

图像：Jurgen Meekel，Thjeu Donders，Jan Korbes，Tsakane Maubane and Jimmy Ogonga

COLLECTIF ETC

作者：Collectif Etc
美术设计：LesDixChats，Bérangère Magaud
艺术家：Ella&Pitr
图像：Collectif Etc

COLOCO

作者：Pablo Georgieff，Nicolas Bonnenfant，Miguel Georgieff

ECOSISTEMA URBANO

作者：Belinda Tato，José Luis Vallejo

EL CAMPO DE CEBADA

Autores: El espacio público compartido "El Campo de Cebada" está siendo construido gracias a la participación de administraciones，asociaciones vecinales，colectivos de arquitectos y，sobre todo，de vecinos，por ello los créditos de este espacio son el nombre del propio espacio:
El Campo de Cebada
图像：Zuloark，Exytz，Aranzazu Fernández

FUGMANN JANOTTA

景观建筑师：Fugmann Janotta - Landschaftsarchitekten bdla
客户：Senat Berlin / Grün Berlin
图像：Fugmann Janotta，Philip JSF Winkelmeier，Bernd Lieven

JEAVONS LANDSCAPE ARCHITECTS

客户：Department of Transport（Previously Department of Infrastructure）
Victorian State Government
Key Jeavons Team Members: Mary Jeavons，Zoe Metherell，Leong Khoo
其他咨询人员：Planned FX（规划），Ecology Australia（生态评估），Peter May（土壤管理），MGS Architects（桥梁设计），Cameron Ryder（树木栽培家）Stakeholders: City of Yarra，City of Darebin，Melbourne Water，Merri Creek Management Committee，Victrack，Connex，Bicycle Users Group，

Local Residents
承包方：John Holland （总承包商），Parsons Brinckerhoff （结构工程师），Normark Landscapes （软景设计），规划团队 （Softscape Project Managers）
图像：Andrew Lloyd Photography

INTERBORO PARTNERS

建筑师：Interboro （Tobias Armborst，Daniel D'Oca，Georgeen Theodore）
客户：Adam Kleinman，Lower Manhattan Cultural Council，New York

工程设计：Gilsanz.Murray.Steficek.LLP
建筑管理：
F.J. Sciame Construction
图像设计：Thumb
总承包商：Kokobo
图像：Dean Kaufman Images，Michael Falco

PKMN. PAC-MAN

作者：Carmelo Rodríguez，David Pérez，Enrique Espinosa，Rocío Pina，Diana Hernández （2010），Alejandra Navarrete，Carlos Mínguez y Almudena Mestre （2009）

RAUMLABORBERLIN

作者：Ringlokschuppen Mülheim，Schauspiel Essen，Musiktheater im Revier Gelsenkirchen
图像：Rainer Schlautmann

REBAR
Park （Ing）

作者：Rebar
图像：Andrea Scher，Rebar

REBAR
City Hall Victory Garden

作者：Rebar，SF Victory Gardens，City Slicker Farms，CMG Landscape architecture，Slow Food Nation
客户：Department for the environment，City of San Francisco
图像：Rebar，Katie Standke

REBAR
The Nappening，Kite flying，Yoga，Kecak performance ritual

Author: Rebar
图像：Rebar

RECETAS URBANAS.
TODO POR LA PRAXIS

作者：Santiago Cirujeda，Recetas Urbanas，Todo por la Praxis: Rafa Turnes，Pablo Galán，Paco Gálvez，Juan Manuel Diez （Manu），Laura González，Orlando Rueda，Kasia Dabrowska，Massimiliano Casu，Diego Peris

RURAL STUDIO

Phase 1 （2005—2006）
Lions Park Baseball Fields:
Laura Filipek，Alicia Gjesvold，Jeremy Sargent，Daniel Splaingard，Mark Wise
Phase 2 （2006—2007）
Lions Park Surfaces: Joey Aplin，Lindsay Butler，Anthony Vu，Adam Woodward
Lions Park Toilet Rooms:
Mark Dempsey，Russ Gibbs，Adam Kent，Pamela Raetz
Phase 3 （2008—2009）
Lions Park Skatepark: Evan Dick，Brett Jones，Carrie Laurendine
Lions Park Concessions: John Plaster，Terran Wilson，Sandy Wolf
Phase 4 （2009—2010）
Lions Park Playscape:
Cameron Acheson，Bill Batey，Courtney Mathias，Jamie Sartory
Rural Studio Instructors and Staff: Andrew Freear，Rusty Smith，Johnny Parker，Dick Hudgens，Steve Long，Daniel Splaingard，Lindsay Butler，John Marusich，Danny Wicke，Mackenzie Stagg
Consultants:
Joe Farruggia （GFGR Architects and Engineers），Paul Stoller （Atelier Ten Environmental Consultants），Xavier Vendrell （Xavier Vendrell Studio），University of Illinions at Chicago，Dan Wheeler （Wheeler Kearns Architects）
Donors and Supporters:
Major League Baseball，Baseball Tomorrow Fund （6 baseball fields），Tony Hawk Foundation （skatepark），Alabama Power Foundation （general park），Ready Mix USA （concrete for skatepark），Capital Steel （rebar for skatepark），Jim Turnipseed，Turnipseed International （steel for entire park），IP Callison （galvanized drum barrels for playscape），Williams Tree Farm （trees for entire park），Delray Lighting （lights for concession stand），USDA （grant for park gates），Joe Aplin （fabrication of park gates），Encore Azalea （plants），Strategic Alliance for Health （playground surface），Hale County Commission （walking trail and light poles），Generous local cash donations
图像：Auburn University Rural Studio，Timothy Hursley

SPUR
作者：SPUR. San Francisco Planning+Urban Research Association
Primary contributors:
George Williams，Eva Liebermann，Karin Edwards，Joshua Switzky，Heidi Sokolowsky
SPUR lead staff: Sarah Karlinsky
Research interns: Saboor Atrafi，Jordan Salinger
Other task force members:
Blaine Merker，Bob Passmore，Matthew Passmore，John Bela

STATION C23

作者：Sigrun Langner and Michael Rudolph，Station C23
合作方：Karl Beelen，
Laurent Corroyer，Gesa Königstein，Malte Maaß，James Melsom，
Eva Nemcova，Sabine Rabe，
Anke Schmidt，Matthias Seidel，Martin

Stokman
图像：Matthias Möller，Javier Mozas